AF391005

L'Arithmétique simplifiée

EN CONCORDANCE AVEC

LE SYSTÈME MÉTRIQUE ET LA GÉOMÉTRIE

PAR MM.

A. SURIER
INSPECTEUR DE L'ENSEIGNEMENT
PRIMAIRE,

G. DURET
DIRECTEUR D'ÉCOLE.

COURS ÉLÉMENTAIRE
ET Ire ANNÉE DU COURS MOYEN

11e ÉDITION

PARIS

IMPRIMERIE ET LIBRAIRIE CLASSIQUES

DELALAIN FRÈRES

115, BOULEVARD SAINT-GERMAIN, 115

PRÉFACE

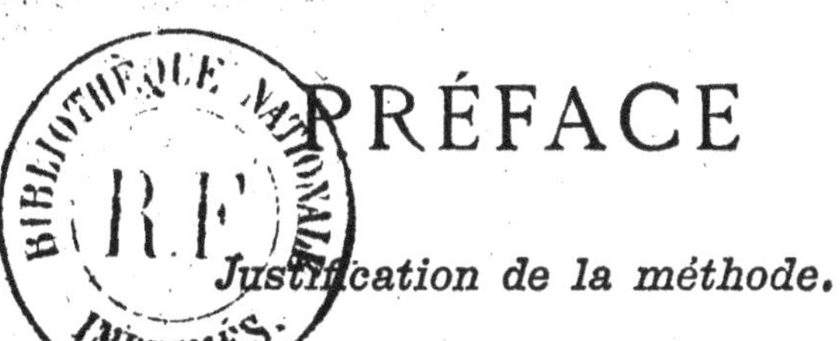

Justification de la méthode.

La *répartition* de l'*Arithmétique*, du *Système métrique* et de la partie de la *Géométrie* qui se rattache au calcul peut paraître, à première vue, produire une certaine confusion dans la suite des leçons. Un coup d'œil jeté sur la table des matières suffit pour se convaincre que cette confusion n'est qu'apparente, et que **les leçons s'enchaînent en s'élevant progressivement et méthodiquement.**

Nous avons voulu présenter la partie pratique, *de beaucoup la plus importante*, avec tous les avantages qu'elle peut comporter pour le maître et pour les élèves, et *cette répartition seule* permettait de composer **une suite ininterrompue de problèmes précis, lentement gradués, s'enchaînant les uns aux autres et ne renfermant que la matière étudiée dans la leçon même et dans les leçons précédentes.**

De la disposition des problèmes.

Les problèmes sont, pour chaque leçon, disposés par ordre de difficultés : les plus simples au commencement, les plus difficiles à la fin. Le maître n'éprouvera donc aucun embarras pour trouver, parmi les problèmes nombreux et variés de la leçon du jour, *ceux qui conviennent à la force de ses élèves.* Le cas échéant, il pourra toujours puiser dans les problèmes de revision et dans ceux des leçons précédentes.

Nous avons ainsi respecté la liberté du maître, tout en réduisant son travail de préparation à sa plus simple expression.

Il est à remarquer que l'étude des problèmes peut commencer dès le début. (*Voir observation, page 3.*)

De la théorie.

Nous avons cherché à faire comprendre aux élèves le *pourquoi des opérations*; mais la théorie arithmétique est bien plus destinée à être *étudiée en commun* qu'apprise par les élèves. Ceux-ci pourront se borner à apprendre *les définitions et les règles.*

De la division de l'ouvrage en deux parties et des différentes marches à suivre.

La 1re partie (nombres entiers) est **conforme au programme du cours élémentaire** et peut composer une ou deux années d'études. Mais nous avons cherché à *satisfaire toutes les exigences*, et pour cela nous avons disposé **les deux parties** de telle sorte qu'elles puissent être **étudiées séparément**, suivant l'ordre du livre, ou **simultanément** (*Voir la table des matières*).

L'étude simultanée des deux parties, avec revision rapide de la 1re, constituera le programme de 1re année du cours moyen.

Du programme mensuel.

Nous donnons ci-dessous des indications qui pourront servir de bases à l'établissement d'un programme mensuel.

1re Année. — (1er *partie seulement*) 45 *leçons*.

1er *Mois*. — Numération et addition.
2e *Mois*. — Soustraction.
3e, 4e et 5e *Mois*. — Multiplication.
6e, 7e, 8e, 9e et 10e *Mois*. — Division.
Y compris les leçons de système métrique qui y correspondent.

Programme de 2e Année *ou d'un* Cours unique (*tout le cours*).

1er *Programme*. — Numération : une leçon par jour en moyenne.
Addition et soustraction : une leçon tous les 2 jours en moyenne.
Multiplication et division : une leçon tous les 3 jours en moyenne.
Y compris les leçons de système métrique.
2e *Programme*. — Voir la table des matières.
Une leçon de géométrie par mois dans tous les cas.

Calcul mental.

Il n'est pas nécessaire que les exercices de calcul mental paraissent dans le livre de l'élève.

Nous prions les maîtres de se reporter à notre *Petit Traité de Calcul mental*, qui leur donnera toute satisfaction

S. et D.

1re PARTIE

NOMBRES ENTIERS

ARITHMÉTIQUE

Numération

Unités simples.

L'arithmétique nous apprend à compter.
Pour compter, on emploie des **nombres**.
On écrit les nombres avec des **chiffres**.
Une *unité* est un objet seul.

Ex. : **Un** *livre*, une *plume*, une *bûchette*, un *paquet de bûchettes.*

Une bûchette est une unité.

Un paquet de 10 bûchettes est une unité.

Un paquet de 100 bûchettes est une unité.

Deux ou plusieurs objets semblables sont deux ou plusieurs unités.

Les premiers nombres sont : **un, deux, trois, quatre, cinq, six, sept, huit, neuf.**

On les écrit avec les chiffres :

$$1, \quad 2, \quad 3, \quad 4, \quad 5, \quad 6, \quad 7, \quad 8, \quad 9.$$

Les neuf premiers nombres représentent des **unités simples** ou **unités du 1er ordre.**

QUESTIONNAIRE. — Que nous apprend l'arithmétique? — Qu'emploie-t-on pour compter? — Avec quoi écrit-on les nombres? — Qu'est-ce qu'une unité? Exemples. — Que sont deux ou plusieurs objets semblables? — Quels sont les premiers nombres? — Avec quels chiffres les écrit-on? — Quelles espèces d'unités représentent les premiers nombres?

Dizaines.

Neuf bûchettes et une font **dix** bûchettes ou dix unités.
Une réunion de dix unités s'appelle une **dizaine** ou **unité du 2ᵉ ordre**.

On compte les dizaines comme les unités.

Une dizaine.

une dizaine *ou* **dix**.
deux dizaines *ou* **vingt**.
trois dizaines *ou* **trente**.
quatre dizaines *ou* **quarante**.
cinq dizaines *ou* **cinquante**.

six dizaines *ou* **soixante**.
sept dizaines *ou* **soixante-dix**.
huit dizaines *ou* **quatre-vingts**.
neuf dizaines *ou* **quatre-vingt-dix**.

Exemple avec des dizaines de bûchettes vues par un bout.

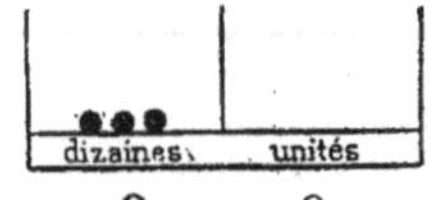

3 0
trente

On écrit les dizaines avec les mêmes chiffres que les unités.

On place le chiffre des dizaines au 2ᵉ *rang* à gauche.

Pour cela, on fait tenir par un zéro le rang des unités.

Le **zéro** signifie *point*. Il n'a pas de valeur.

QUESTIONNAIRE. — Combien font neuf bûchettes et une ? — Comment s'appelle une réunion de dix unités ? — Comment compte-t-on les dizaines ? Comptez-les. — Avec quels chiffres écrit-on les dizaines ? — A quel rang place-t-on le chiffre des dizaines ? — Par quoi fait-on tenir le rang des unités ? — Quelle est la valeur du zéro ?

EXERCICES ORAUX — 1° Énoncer les nombres dix, vingt, trente, etc., puis quatre-vingt-dix, quatre-vingts, etc.

2° Un paquet de bûchettes vaut dix b.; 2 paquets valent vingt b., etc.

3° Une dizaine vaut dix unités; deux dizaines valent vingt unités, etc.

4° Une pièce de dix francs vaut dix francs; 2 pièces de dix francs valent vingt francs, etc.

Inversement :

1° Dix bûchettes font un paquet, vingt b. font 2 paquets, etc.

2° Dix unités font une dizaine, vingt unités font 2 dizaines, etc.

3° Dix francs font une pièce, vingt francs font 2 pièces, etc.

EXERCICES ÉCRITS. — I. Lire les nombres suivants en énonçant la valeur du chiffre des dizaines.

50, 30, 10, 70, 60, 90, 20, 40, 80.

II. Écrire sous la dictée des nombres exacts de dizaines.

Entre deux dizaines.

Pour compter entre dix et vingt, entre vingt et trente, etc., on emploie les neuf premiers nombres.

Exemple.

dizaines	unités
2	6

vingt-six

On nomme les dizaines d'abord, puis les unités.

Ex. : dix-un ou **onze**, dix-deux ou **douze**, etc., **vingt-un**, **vingt-deux**, etc.

De même :

On écrit les dizaines d'abord puis les unités.

QUESTIONNAIRE. — Qu'emploie-t-on pour compter entre dix et vingt, entre vingt et trente? — Comment nomme-t-on un nombre qui a des dizaines et des unités? — Comment écrit-on un nombre qui a des dizaines et des unités?

EXERCICES ORAUX. — 1º Citez les nombres entre dix et vingt, entre quarante et cinquante, etc.

2º Combien valent 2 diz. et 4, 5 diz. et 6, 8 diz. et 1, 3 diz. et 8, 1 diz. et 9, 9 diz. et 3, 6 diz. et 2, 7 diz. et 5? etc.

3º Combien valent 2 pièces de 10^f et 5^f, 6 pièces de 10^f et 1^f, 9 pièces de 10^f et 2^f, 4 pièces de 10^f et 9^f, 7 pièces de 10^f et 3^f, 3 pièces de 10^f et 8^f, 5 pièces de 10^f et 4^f, 7 pièces de 10^f et 6^f? etc.

Inversement :

1º Combien y a-t-il de dizaines et d'unités dans soixante-trois, soixante-onze, quatre-vingt-dix-huit, trente-sept? etc.

2º Combien y a-t-il de pièces de 10^f et de francs dans quarante-trois francs, cinquante-sept, quarante-deux francs? etc.

EXERCICES ÉCRITS. — I. Lire les nombres suivants en indiquant la valeur de chaque chiffre :

45	36	17	28	11	74
47	76	63	52	72	37
29	77	95	56	71	93
12	66	84	91	82	75, etc.

II. Écrire sous la dictée des nombres compris entre 10 et 99.

OBSERVATION IMPORTANTE. — *On peut dès maintenant commencer l'étude de l'addition, et la conduire simultanément avec le reste de la numération.* (Voir le commencement de la Table des matières.)

Centaines.

Centaine.

Une réunion de dix dizaines s'appelle une **centaine** ou **unité du 3ᵉ ordre.**

On compte les centaines ou les cents comme on compte les unités.

Ex. : **un** cent, **deux** cents, **trois** cents.

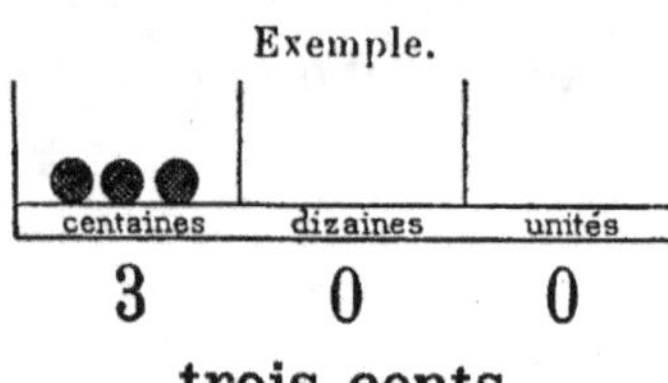

Exemple.

centaines	dizaines	unités
3	0	0

trois cents

On écrit les centaines avec les mêmes chiffres que les unités.

On place le chiffre des centaines au 3ᵉ rang à gauche.

Pour cela, on fait tenir par deux zéros le rang des dizaines et celui des unités.

QUESTIONNAIRE. — Comment s'appelle une réunion de dix dizaines ? — Comment compte-t-on les centaines ? Comptez-les. — Avec quels chiffres écrit-on les centaines ? — A quel rang place-t-on le chiffre des centaines ? — Par quoi fait-on tenir le rang des dizaines et celui des unités ?

EXERCICES ORAUX. — 1º Énoncer les nombres cent, deux cents, etc., et *inversement*, neuf cents, huit cents, etc.

2º Un paquet de 100 bûchettes vaut 100 b., 2 paquets valent 200, etc.

3º Une centaine vaut 100 unités ; 2 centaines valent 200, etc.

4º Un billet de 100ᶠ vaut 100ᶠ ; 2 billets de 100ᶠ valent 200ᶠ, etc.

Inversement :

1º 100 bûchettes font 1 paquet, 200 b. font 2 paquets, etc.

2º 100 unités font 1 centaine, etc.

3º 100ᶠ font un billet, etc.

EXERCICES ÉCRITS. — I. Lire les nombres suivants en énonçant la valeur du chiffre des centaines.

200	600	500	800	100
700	900	300	400	700

Dire : 1º Combien chacun des nombres ci-dessus vaut de dizaines.

2º S'ils représentaient des francs, combien ils vaudraient de pièces de 10ᶠ.

II. Écrire sous la dictée des nombres exacts de centaines.

Entre deux centaines.

Pour compter entre cent et deux cents, entre deux cents et trois cents, on emploie les 99 premiers nombres.

Ex. : cent **un**, cent **deux**, cent **trois**, cent **quatre**, etc.

On nomme les centaines d'abord, puis le reste du nombre.

De même :

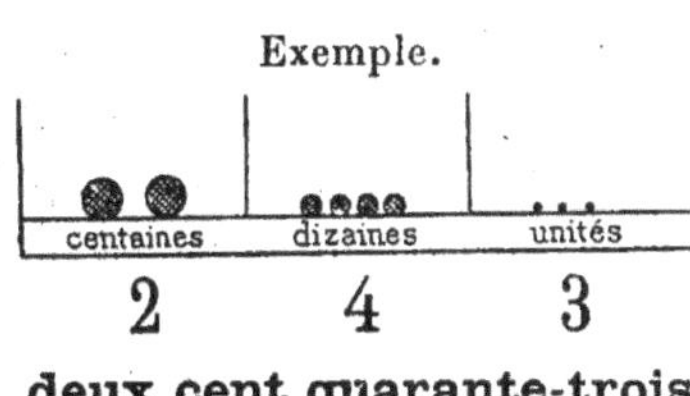

Exemple.

deux cent quarante-trois

On écrit les centaines d'abord, puis le reste du nombre en deux chiffres.

QUESTIONNAIRE. — Qu'emploie-t-on pour compter entre cent et deux cents, entre deux cents et trois cents, etc.? — Comment nomme-t-on un nombre qui a des centaines? — Comment écrit-on un nombre qui a des centaines?

EXERCICES ORAUX. — 1° Combien valent 3 cent. 4 diz. et 5 ; — 6 cent. et 4 unités ; — 8 cent. et 3 diz.; — 5 cent. 9 diz. et 7 ; — 9 cent. 1 diz. et 8 ? etc.

2° Combien valent 1 billet de 100^f, 4 pièces de 10^f et 6 pièces de 1^f ; — 6 billets de 100^f et 5 pièces de 1^f ; — 9 billets de 100^f et 9 pièces de 10^f? etc.

Inversement :

1° Combien y a-t-il de centaines, de dizaines et d'unités dans deux cent cinquante-six, six cent quarante, huit cent soixante-douze, quatre cent quatre-vingt-quinze, sept cent huit? etc.

2° Combien faut-il de billets de 100^f, de pièces de 10^f et de pièces de 1^f pour faire cent vingt-cinq francs, sept cent quatre-vingt-dix-huit francs, deux cent soixante-dix-huit francs? etc.

EXERCICES ÉCRITS. — I. Lire les nombres suivants. Indiquer la valeur des chiffres.

524	340	702	176	444
318	972	890	908	568
407	891	306	737	272
150	204	871	902	335
843	555	700	695	778
675	893	909	379	597
606	970	899	477	109

II. Écrire sous la dictée des nombres compris entre 10 et 999.

Mille.

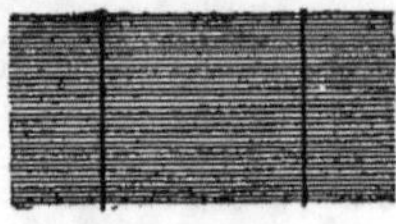

Mille.

Une réunion de dix centaines s'appelle un **mille** ou **unité du 4ᵉ ordre.**

On compte les mille comme les unités.

Ex. : **un** mille, **deux** mille, **trois** mille, **quatre** mille, **cinq** mille, etc., jusqu'à 999 mille.

On écrit les mille avec les mêmes chiffres que les unités.

On écrit jusqu'à 999 mille comme on écrit jusqu'à 999 unités.

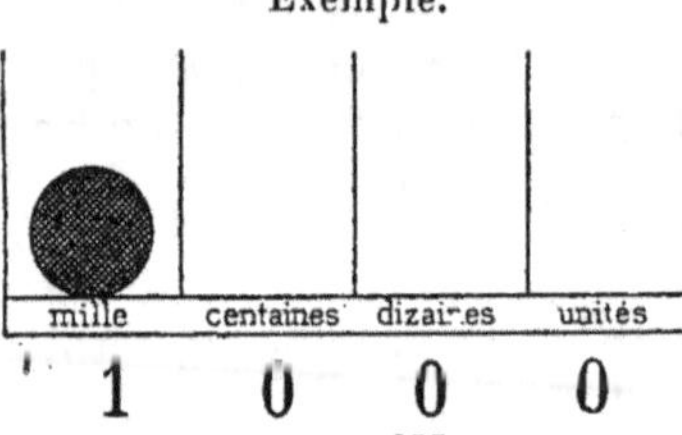

Exemple.

mille	centaines	dizaines	unités
1	0	0	0

un mille

Les mille peuvent donc avoir 3 chiffres qui occupent le 4ᵉ, le 5ᵉ et le *6ᵉ rangs.*

Dix mille font une **dizaine de mille** (comme dix unités font une dizaine).

Cent mille font une **centaine de mille** (comme cent unités font une centaine).

Les **trois ordres : unités, dizaines, centaines,** forment une **classe**.

Les unités, les dizaines, les centaines forment la *classe des unités.*

Les unités de mille, les dizaines de mille, les centaines de mille forment la *classe des mille.*

QUESTIONNAIRE. — Comment s'appelle une réunion de dix centaines? — Comment compte-t-on les mille? — Jusqu'où peut-on compter les mille? — Avec quels chiffres écrit-on les mille? — Combien les mille peuvent-ils avoir de chiffres? — Quels rangs occupent-ils? — Que font dix mille? cent mille? — Que forment les 3 ordres : unités, dizaines, centaines? — Citez les 3 ordres de la classe des unités; les 3 ordres de la classe des mille.

Ordres.	Classe des mille.			Classe des unités.		
	centaines.	dizaines.	unités.	centaines.	dizaines.	unités.
	4	5	6	0	0	0

EXERCICE ORAL. — Énoncer les ordres : 1° en croissant; 2° en décroissant.

EXERCICES ÉCRITS. — I. Lire les nombres suivants :

35.000	75.000
108.000	296.000
330.000	578.000
91.000	769.000, etc.

II. Écrire sous la dictée des nombres exacts de mille.

Entre deux mille.

Pour compter entre un mille et deux mille, entre deux mille et trois mille, on emploie les 999 premiers nombres.

Ex. : mille **un**, mille **deux**, mille **trois**, etc.

On nomme d'abord les mille puis le reste du nombre.

De même :

On écrit d'abord les mille, puis le reste du nombre en **3 chiffres**.

EXEMPLES.

mille	unités	
4 . 2 0 5	4 *mille* 205
7 0 . 0 8 2	70 *mille* 82
4 0 5 . 0 0 6	405 *mille* 6

QUESTIONNAIRE. — Qu'emploie-t-on pour compter entre un mille et deux mille, entre deux mille et trois mille? — Comment nomme-t-on un nombre qui a des mille? — Comment écrit-on un nombre qui a des mille?

EXERCICES. — I. Lire les nombres suivants :

1.405	8.608	3.560	4.647
5.043	6.300	7.670	8.009
9.025	10.048	18.791	24.500
35.008	40.600	59.020	65.074
72.600	86.478	91.005	100.043
90.580	178.904	106.060	206.006
145.076	297.079	300.041	309.800
406.009	471.506	480.849	598.277
588.090	630.095	671.007	647.100
709.004	376.600	775.048	802.006
890.060	810.500	904.530	920.893
975.609	975.050	795.620	780.007, etc.

II. Écrire sous la dictée des nombres contenant des mille.

OBSERVATION. — Le reste de la numération peut être négligé pour les élèves faibles, et, pour les autres, ajourné jusqu'à l'étude de la multiplication.

Millions.

Après la classe des mille, il y a la classe **des millions.**

La classe des millions se compose d'unités, de dizaines, de centaines de millions qui occupent le 7ᵉ, le 8ᵉ et le 9ᵉ *rangs.*

On **lit** et on **écrit** la classe des millions comme celle des unités ou des mille.

EXEMPLES.

millions	mille	unités	
2 5	. 0 0 0	. 0 0 0	25 *millions.*
4 0 8	. 0 0 0	. 0 0 0	408 *millions.*

Pour **lire** un nombre qui a des millions, on lit les millions, puis les mille, puis les unités, après avoir séparé les classes par un point.

Pour **écrire** un nombre qui a des millions, on écrit les millions, puis les mille en **trois** chiffres, puis les unités en **trois** chiffres.

EXEMPLES.

millions	mille	unités	
4	. 2 8 5	. 4 2 7	4 *millions* 285 *mille* 427 *unités.*
5 7	. 3 0 7	. 0 4 6	57 *millions* 307 *mille* 46 *unités.*
4 0 6	. 0 0 0	. 2 0 0	406 *millions* 200 *unités.*

QUESTIONNAIRE. — Quelle classe y a-t-il après la classe des mille? — De quels ordres se compose la classe des millions? — Quels rangs occupent ces trois ordres? — Comment lit-on et écrit-on la classe des millions? — Comment fait-on pour lire un nombre qui a des millions? — Comment fait-on pour écrire un nombre qui a des millions?

EXERCICE ORAL. — Citez les ordres des unités, des mille, des millions : 1° en croissant; 2° en décroissant.

EXERCICES ÉCRITS. — I. Lire les nombres ci-après :

3.000.000	15.000.000	76.000.000
104.000.000	208.000.000	490.000.000
376.000.000	502.000.000	907.000.000

6.035.704	415.220.000
300.046.007	48.002.006
400.090.350	30.000.078
306.000.476	575.080.060
940.500.071	90.005.900
304.080.795	612.050.097
10.004.006	72.730.804
504.036.075	710.012.097
362.841.230	972.775.496
65.004.099	4.600.800
170.075.460	930.025.309
700.046.005	901.200.508
400.200.395	6.070.080

II. Écrire sous la dictée des nombres quelconques.

1ers chiffres romains.

$$I = 1 \qquad V = 5 \qquad X = 10$$

Les Romains représentaient ainsi les 21 premiers nombres :

I	II	III	IV	V	VI	VII
1	$1+1=$**2**	$1+1+1=$**3**	$5-1=$**4**	**5**	$5+1=$**6**	$5+2=$**7**

VIII	IX	X	XI	XII	XIII	XIV
$5+3=$**8**	$10-1=$**9**	**10**	$10+1=$**11**	$10+2=$**12**	$10+3=$**13**	$10+4=$**14**

XV	XVI	XVII	XVIII	XIX	XX	XXI
$10+5=$**15**	$10+6=$**16**	$10+7=$**17**	$10+8=$**18**	$10+9=$**19**	$10+10=$**20**	$20+1=$**21**

EXERCICE. — Lire :

Philippe III	Charles X	Henri IV	Louis XV
François II	Louis XI	Charles V	Louis XVIII
Charles VI	Charles IX	Louis XII	Louis XVI
Charles VII	Louis VIII	Louis XIII	Louis XIV

Les quatre opérations

Addition.

Henri a gagné 4 bons points lundi, 2 mardi et 3 mercredi. Combien a-t-il gagné de bons points?

Henri dit en réunissant ses bons points : 4 et 2, 6 ; et 3, 9.

Henri a fait une *addition :* 9 est la **somme** ou le **total** de ses bons points.

L'addition est une opération qui a pour but de réunir plusieurs nombres en un seul appelé **somme** ou **total**.

Les nombres à additionner doivent représenter des objets de même espèce. *(Ainsi, on additionne des francs avec des francs, des mètres avec des mètres, mais on n'additionnerait pas des francs avec des mètres.)*

```
  4
  2
  3
 ___
  9
```

L'addition des bons points d'Henri se représente ou s'écrit ainsi :

$$4 + 2 + 3 = 9,$$

c'est-à-dire   *4 plus 2 plus 3 égale 9,*

et se fait horizontalement ou verticalement.

QUESTIONNAIRE. — Qu'est-ce que l'addition? — Quelles espèces d'objets doivent représenter les nombres à additionner? — Donnez des exemples.

EXERCICES. — I. Additionner horizontalement et verticalement :

(1) $1 + 7 + 9 + 5 =$	(2) $5 + 3 + 4 + 4 + 8 =$	(3) $4 + 9 + 6 + 1 =$
$5 + 8 + 2 + 7 =$	$2 + 9 + 3 + 7 + 5 =$	$5 + 3 + 7 + 8 =$
$8 + 7 + 5 + 4 =$	$4 + 1 + 7 + 8 + 6 =$	$1 + 9 + 8 + 7 =$
$8 + 3 + 7 + 9 =$	$6 + 3 + 8 + 5 + 9 =$	$3 + 8 + 4 + 6 =$
$4 + 8 + 6 + 7 =$	$2 + 6 + 9 + 3 + 7 =$	$5 + 7 + 8 + 9 =$

II. Indiquer et effectuer les opérations suivantes. Additionner :

(4) 6, 4, 3, 5, 8, 7 noisettes.
(5) 5, 3, 7, 6, 2, 9 francs.
(6) 7, 3, 4, 2, 6, 9 litres.
(7) 3, 8, 5, 2, 4, 7 mètres.
(8) 4, 5, 6, 8, 9, 3 grammes.

Problèmes d'initiation.

Les problèmes d'initiation sont des **problèmes écrits** dont le calcul peut être fait **mentalement**. Ils ont été choisis pour servir de base à tous les autres. Ils doivent donc être longuement expliqués par le maître et bien compris des élèves.

1er Exemple (*une somme*) : **Une mère de famille a acheté des souliers pour 13^f, un chapeau pour 3^f et des bas pour 2^f. Combien a-t-elle dépensé?**

> *Elle a dépensé 13^f + 3^f + 2^f = 18^f.*

1. — Quelle somme me faudrait-il pour donner 23^f au boulanger, 6^f à l'épicier et 8^f au cordonnier?

2. — Pour faire un veston, on a dépensé 34^f pour le drap et 3^f pour la doublure. A combien revient le veston si l'on a payé 8^f de façon?

3. — On a acheté un porc pour 48^f; on a dépensé 10^f pour l'engraisser, et on l'a revendu avec un bénéfice de 9^f. Combien l'a-t-on revendu?

4. — Un ouvrier gagne 6^f par jour. Son père gagne 2^f de plus que lui. Combien gagnent-ils ensemble par jour?

2e Exemple (*plusieurs sommes*) : **Une mercière a acheté 35 mètres de ruban blanc pour 24^f, 7 mètres de ruban rose pour 6^f et 10 mètres de ruban rouge pour 8^f. Combien a-t-elle acheté de mètres de ruban? Combien a-t-elle dépensé?**

> *Elle a acheté 35^m + 7^m + 10^m = 52 mètres de ruban.*
> *Elle a dépensé 24^f + 6^f + 8^f = 38^f.*

5. — Un fermier a vendu une 1re fois 24 hectolitres de blé et 15 hectolitres d'avoine; une 2e fois, 8 hectolitres de blé; une 3e fois, 6 hectolitres de blé et 10 d'avoine. Combien a-t-il vendu d'hectolitres de blé et combien d'hectolitres d'avoine?

6. — Un marchand a vendu 30 mètres de toile avec un bénéfice de 8^f, puis 10 mètres avec un bénéfice de 3^f, et 4 mètres avec un bénéfice de 1^f. Combien a-t-il vendu de mètres de toile? Quel est son bénéfice?

7. — Deux coupons de drap ont chacun une longueur de 6 mètres; deux autres coupons ont l'un 4 mètres, l'autre 5 mètres de plus que les premiers. Quelle est la longueur de chacun de ces autres coupons? Quelle est leur longueur totale?

Addition de nombres de plusieurs chiffres.

Addition concrète.   La même abstraite.

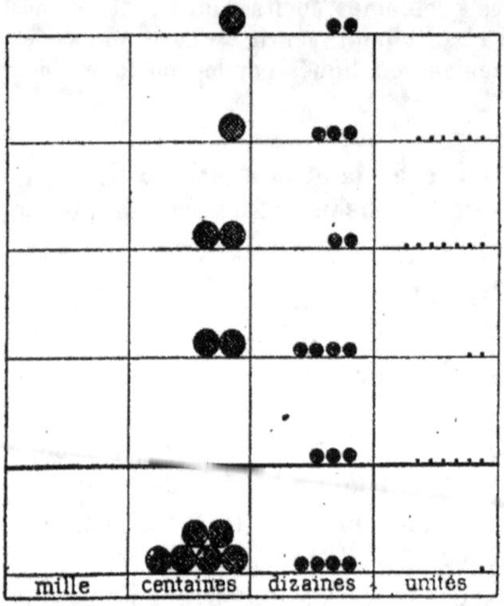

mille   centaines   dizaines   unités

$$
\begin{array}{ccc}
1 & 3 & 6 \\
2 & 2 & 7 \\
2 & 4 & 2 \\
  & 3 & 6 \\
\hline
6 & 4 & 1 \\
\end{array}
$$

L'opération concrète a pour but : 1º de montrer de quelle manière on écrit les nombres les uns sous les autres, unités sous unités, etc.; 2º de faire comprendre la pose et la retenue qui est placée au haut de la figure.

On doit additionner des unités avec des unités, des dizaines avec des dizaines, etc.

C'est pour cela que l'on place : 1º les nombres les uns sous les autres; 2º les unités sous les unités, les dizaines sous les dizaines, etc.

L'addition de nombres de plusieurs chiffres comprend autant d'additions simples qu'il y a de colonnes.

1º **Addition des unités** : *21 ; poser l'unité et retenir les 2 dizaines.*

2º **Addition des dizaines** : *14* (y compris la retenue); *poser 4 dizaines et retenir la centaine.*

3' **Addition des centaines** : *6* (y compris la retenue); *poser 6 centaines.*

Voir 2ᵉ règle, page 14.

QUESTIONNAIRE. — Que doit-on additionner avec des unités? etc. — Comment place-t-on les nombres d'une addition? — Les unités de chaque nombre? etc. — Combien une addition de nombres de plusieurs chiffres comprend-elle d'additions simples? — Citez ces additions. — Que fait-on de la retenue des unités? etc. — Comment fait-on pour additionner des nombres de plusieurs chiffres?

EXERCICES. — Effectuer les additions suivantes .

(1) $67^f + 48^f + 432^f =$ (4) $36^f + 1480^f + 527^f + 9^f =$
(2) $534^f + 73^f + 346^f =$ (5) $7^f + 35^f + 186 + 2904^f =$
(3) $461^f + 395^f + 28^f =$ (6) $7504^f + 39^f + 728^f + 6^f =$

Problèmes.

1. — Combien y a-t-il de jours du 1er janvier au 15 avril, si janvier a 31 jours, février 28 et mars 31 ?

2. — Une école comprend 4 classes : la 1re a 25 élèves, la 2e 36, la 3e 39 et la 4e 58. Combien y a-t-il d'élèves dans l'école?

3. — Dans un train de voyageurs il y a 236 voyageurs de 3e classe, 87 de 2e classe et 8 de 1re classe. Combien y a-t-il de voyageurs dans ce train?

4. — Dans une cassette il y a 680^f en or, 276^f en argent et 4^f en bronze. Quelle somme y a-t-il dans cette cassette?

5. — Un cultivateur a un cheval qu'il estime 460^f, une vache valant 285^f et un troupeau de moutons d'une valeur de 275^f. Quelle est la valeur totale de ces animaux?

6. — Un flacon vide pèse 275 grammes. Que pèsera-t-il si l'on y met 150 grammes de sucre et 485 grammes d'eau?

7. — Un marchand a vendu 246 mètres de toile pour 365^f, puis 36 mètres pour 59^f et 137 mètres pour 148^f. Combien a-t-il vendu de mètres de toile et pour combien?

8. — Un patron a 10 ouvriers à qui il donne 300^f par semaine, 16 à qui il donne 384^f, 8 à qui il donne 192^f et 3 apprentis à qui il donne 15^f. Combien occupe-t-il d'ouvriers? Combien leur donne-t-il par semaine?

9. — Un marchand a acheté 250 litres de vin de Bordeaux pour 368^f, 237 litres de vin de Bourgogne pour 254^f et 74 litres de vin de Champagne pour 360^f. Combien a-t-il acheté de litres de vin? Pour quelle somme?

10. — Un boulanger a payé 55^f pour 275 kilog. de blé, puis 76^f pour 382 kilog. et 69^f pour 346 kilog. Combien a-t-il payé et combien a-t-il reçu de kilog. de blé?

ARITHMÉTIQUE

Résumé-revision.

1re RÈGLE. — Pour additionner des nombres d'un chiffre, on les ajoute les uns aux autres, et on écrit le résultat tel qu'on le trouve.

2e RÈGLE. — Pour additionner des nombres de plusieurs chiffres, on écrit les nombres les uns sous les autres, en plaçant les unités sous les unités, les dizaines sous les dizaines, etc. On fait, de haut en bas, l'addition des unités, puis celle des dizaines, etc., en ajoutant à chaque fois la retenue d'une colonne à la colonne suivante.

PREUVE. — Pour savoir si une addition est exacte, on recompte, mais de bas en haut. On doit trouver le même résultat.

QUESTIONNAIRE. — Comment fait-on pour additionner des nombres d'un chiffre ? — Comment fait-on pour additionner des nombres de plusieurs chiffres ? — Comment fait-on pour savoir si une addition est exacte ?

EXERCICES. — I. Effectuer les opérations suivantes et en faire la preuve :

(1) 340 + 67 + 132 + 480 =		(5) 7850 + 477 + 509 + 81 =	
(2) 42 + 520 + 68 + 172 =		(6) 4 + 508 + 796 + 4805 =	
(3) 54 + 603 + 9 + 738 =		(7) 63 + 2705 + 8 + 94 =	
(4) 7 + 848 + 357 + 91 =		(8) 78 + 150 + 392 + 6543 =	

II. Indiquer et effectuer les opérations suivantes. Combien font :

(9)	625^f,	84^f,	140^f,	7^f et	45^f ?
(10)	35,	173,	80,	508 et	96 grammes ?
(11)	56,	277,	84,	905 et	36 litres ?
(12)	765,	5087,	972,	48 et	3486 mètres ?

(*13*)	76,	192,	5040,	22866	et	736 ardoises?
(*14*)	5086,	35047,	1872,	740	et	9615 clous?
(*15*)	360^f,	8543^f,	9^f,	71^f et		50637^f?

Problèmes.

1. — J'ai acheté une barrique de vin pour 105^f; j'ai payé en outre 4^f de droits, 6^f de transport et 1^f de commission. A combien me revient cette barrique?

2. — Je possédais 85^f. J'ai reçu de 3 personnes 417^f, 306^f et 84^f. Combien ai-je?

3. — On a 3 paquets de 136 kilog., 83 kilog. et 9 kilog. Quel est le poids total de ces 3 paquets?

4. — Un vigneron a 4 fûts pleins de vin contenant 245 litres, 228 litres, 115 et 74 litres. Combien a-t-il de litres de vin?

5. — Une personne achète une maison pour 2 600^f; elle y fait construire un hangar qui lui revient à 896^f. Combien devrait-elle revendre sa maison pour gagner 570^f?

6. — Un employé gagnait 1 480^f; il a été augmenté de 125^f, puis de 150^f. Combien gagnait-il après la dernière augmentation?

7. — Un ouvrier gagne 1 240^f par an; son père gagne 190^f de plus que lui. Combien gagnent-ils ensemble?

8. — Un tonneau contient 225 litres; un second tonneau contient 98 litres de plus. Quelle est la contenance du 2e tonneau et celle des 2 tonneaux?

9. — Un fermier a 2 vaches valant chacune 275^f et un cheval qu'il estime 185^f de plus que les 2 vaches ensemble. Combien vaut le cheval? Combien valent les 3 animaux?

10. — Un homme, en mourant, a laissé 835^f à son neveu; à son fils 3 495^f de plus, et à sa femme autant qu'à son neveu et à son fils. Quelle somme a-t-il laissée : 1° à son fils; 2° à sa femme?

11. — Un libraire a acheté une 1re fois 236 volumes pour 452^f, et une seconde fois la même quantité de volumes pour 17^f de plus. Combien a-t-il reçu de volumes? Combien doit-il?

12. — Combien y a-t-il de jours : 1° dans chacun des deux semestres d'une année ordinaire; 2° dans les 2 semestres? (un semestre comprend 6 mois).

SYSTÈME MÉTRIQUE

Différentes sortes de mesures.

On paye les marchandises avec des pièces de **monnaie**.

On mesure du vinaigre, du blé, etc., avec des **mesures de capacité**.

On mesure un mur, de l'étoffe, etc., avec des **mesures de longueur**.

On pèse du sel, de la viande, etc., avec des **mesures de poids**.

Un peintre désigne l'étendue de sa peinture, un cultivateur l'étendue de son champ avec des **mesures de surface**.

On évalue la grosseur d'un tas de sable, d'une pile de bois, avec des **mesures de volume**.

Il y a six espèces de mesures (*voir ci-dessus*).

QUESTIONNAIRE. — Avec quoi paye-t-on les marchandises que l'on achète? — Avec quoi mesure-t-on du vinaigre, de l'huile, du lait, du vin, du blé? — Avec quoi mesure-t-on un mur, de l'étoffe, de la dentelle? — Avec quoi pèse-t-on du sel, du sucre, du pain, de la viande? — Avec quelles mesures exprime-t-on l'étendue d'une porte, d'un mur, d'un jardin, d'un champ? — Avec quelles mesures exprime-t-on la grosseur d'un tas de sable, de fumier, d'une pile de bois?

Combien y a-t-il d'espèces de mesures? — Citez-les.

EXERCICES, — I. Effectuer les additions suivantes. Faire la preuve.

(1) $521 + 69 + 4 + 87 + 605 =$ (5) $532 + 8 + 5490 + 6872 + 19 =$

(2) $45 + 172 + 56 + 391 + 486 =$ (6) $6409 + 5 + 1837 + 58 + 2149 =$

(3) $71 + 480 + 59 + 6 + 826 =$ (7) $4 + 76 + 548 + 2936 + 15077 =$

(4) $761 + 437 + 28 + 5 + 95 =$ (8) $72380 + 8700 + 987 + 91 + 8 =$

II. Indiquer et effectuer les opérations suivantes. Combien font :

(9)   45^f, 172^f, 618^f, 7^f et 98^f?

(10)   509^f, 42^f, 176^f, 15^f et 8^f?

(11)   243^f, 136^f, 75^f, 67^f et 308^f?

(12)   178^f, 4584^f, 61^f, 17735^f et 9^f?

---

* Les mesures du système métrique sont étudiées dans l'ordre de difficultés qu'elles présentent pour le calcul.

(*13*) 1560, 273, 1860,   48 et 9672 mètres?
(*14*)   32, 475, 5901, 8090 et   706 grammes?
(*15*) 4080, 172,   507, 12728 et   39 litres?

Problèmes.

1. — Un épicier a reçu pour 125ᶠ de sucre, 476ᶠ de café, 38ᶠ de haricots et 6ᶠ de poivre. Quelle somme doit-il?

2. — Un rentier a donné 178ᶠ pour fumer son champ, 85ᶠ pour le faire ensemencer, 66ᶠ pour faire enlever la récolte et 3ᶠ d'impôts. Combien a-t-il dépensé?

3. — Dans une voiture pesant 540 kilog., on a mis 259 kilog. de blé, 172 kilog. d'avoine et 86 kilog. d'orge. Combien pèse le tout?

4. — Une personne a dépensé dans son année 643ᶠ pour sa nourriture, 175ᶠ pour son logement et 208ᶠ pour son entretien. Elle a économisé 192ᶠ. Combien avait-elle gagné?

5. — Un facteur fait 7 860 mètres pour se rendre à un pays. Il lève une boîte située 830 mètres plus loin. Quel chemin fait-il, retour compris, en supposant qu'il ne s'écarte pas de sa route?

6. — Quelle est la longueur totale de 4 pièces de toile ayant : la 1ʳᵉ 85 mètres, et chacune des autres 10 mètres de plus que la précédente?

7. — Combien y a-t-il de jours dans chacun des 4 trimestres d'une année? (Un trimestre comprend 3 mois.)

8. — Un ouvrier a fait en 6 jours 15 mètres d'ouvrage pour 32ᶠ; en 48 jours, 124 mètres pour 258ᶠ, et en 106 jours, 318 mètres pour 409ᶠ. Combien de jours a-t-il travaillé? Combien a-t-il fait de mètres? Combien a-t-il reçu?

9. — Un marchand a acheté une 1ʳᵉ fois, pour 850ᶠ, 85 mètres de drap qu'il a vendus avec un bénéfice de 95ᶠ; une 2ᵉ fois, pour 1 254ᶠ, 127 mètres du même drap qu'il a vendus avec un bénéfice de 148ᶠ. Calculer : 1º sa dépense; 2º le nombre de mètres qu'il a achetés; 3º son bénéfice.

10. — La Garonne mesure 605 kilomètres; la Seine, 171 kilomètres de plus; le Rhône, 36 kilom. de plus que la Seine; la Loire, 375 kilom. de plus que la Garonne. Calculer la longueur de la Seine, du Rhône, de la Loire, et la longueur totale des 4 fleuves.

ARITHMÉTIQUE

Soustraction.

Henri avait 12 noisettes ; il en a mangé 5. Combien lui en reste-t-il?

Henri a ôté 5 noisettes qu'il a mangées. Il n'y a qu'à ôter 5 noisettes de 12. Il en reste 7.

L'opération faite est une *soustraction.*

La soustraction est une opération qui a pour but d'ôter un nombre d'un autre.

Le résultat s'appelle **reste, excès** ou **différence.**

On ne peut faire une soustraction qu'avec des objets de même espèce (*noisettes avec noisettes, par exemple*).

La soustraction des noisettes d'Henri s'écrit :

$$12 - 5 = 7.$$

c'est-à-dire 12 *moins* 5 *égale* 7.

$$\begin{array}{r} 12 \\ \text{à ôter} \quad 5 \\ \hline \text{reste} \quad 7 \end{array}$$

Elle peut se poser comme ci-contre.

On dit : 5 ôté de 12, reste 7.

QUESTIONNAIRE. — Qu'est-ce que la soustraction ? — Comment s'appelle le résultat ? — On ne peut faire une soustraction qu'avec quels objets ? — Donnez des exemples.

EXERCICES. — I. Effectuer les soustractions suivantes :

(1)	$8 - 3 =$	$15 - 7 =$	$10 - 6 =$
(2)	$12 - 9 =$	$14 - 5 =$	$11 - 7 =$
(3)	$9 - 2 =$	$16 - 8 =$	$15 - 9 =$
(4)	$13 - 8 =$	$14 - 6 =$	$17 - 9 =$

II. Ôter, soustraire ou retrancher (indiquer l'opération) :

(5)	6ᶠ de 15ᶠ.	5 moutons de 13.
(6)	8 litres de 16.	7 veaux de 15.
(7)	6 grammes de 10.	4 vaches de 11.
(8)	9ˡ de 17.	8 poulets de 17.
(9)	7 mètres de 12.	6 canards de 12.
(10)	3 litres de 12.	7 oies de 14.

2.

Problèmes d'initiation.

1er EXEMPLE (*une différence*) : J'avais une pièce de 10^f. J'ai dépensé 2^f. Combien me reste-t-il?

Il me reste 10^f — 2^f = 8^f.

1. — D'une pièce de drap de 26 mètres on a vendu 6 mètres. Combien reste-t-il de mètres?

2. — Une caisse de savon pèse 28 kilog. Si la caisse seule pèse 5 kilog., combien pèse le savon?

3. — Un ouvrier gagne 30^f par semaine. Combien peut-il dépenser s'il veut mettre 5^f à la caisse d'épargne?

4. — J'avais hier 8 bons points; aujourd'hui, j'en ai 12. Combien en ai-je en plus?

5. — Léon a 13 ans, sa sœur a 10 ans. Combien a-t-elle en moins?

6. — De combien faudrait-il couper un ruban de 13 mètres pour qu'il n'ait plus que 8 mètres?

7. — Quelle différence de hauteur y a-t-il entre un peuplier de 14 mètres et un autre de 9 mètres?

2e EXEMPLE (*plusieurs différences*) : **Un ouvrier devait 43^f au boucher et 27^f au boulanger. Combien redoit-il au boucher s'il lui donne 7^f, et au boulanger s'il lui donne 10^f?**

Il redoit au boucher 43^f — 7^f = 36^f.
Il redoit au boulanger 27^f — 10^f = 17^f.

8. — Un pépiniériste avait 56 plants de peupliers et 78 plants de sapins. Il a vendu 7 plants de peupliers et 5 de sapins. Combien lui en reste-t-il de chaque espèce?

9. — On a reçu 2 caisses contenant chacune 48 oranges. On en a trouvé 10 de gâtées dans la 1re et 4 dans la 2e. Combien en reste-t-il de bonnes dans chaque caisse?

10. — Un propriétaire avait 320 mètres carrés de terrain qui lui coûtaient 350^f. Il en a vendu 7 mètres qu'on lui a payés 10^f. Quelle est l'étendue et la valeur de ce qui lui reste?

11. — Un épicier avait 25 litres de liqueur; il en a vendu une 1re fois 5 litres, et une 2e fois 7. Combien restait-il de litres de liqueur après chaque vente?

ARITHMÉTIQUE

Soustraction sans retenue.

On doit ôter ou retrancher les unités des unités, les dizaines des dizaines, etc.

C'est pour cela : 1º que le nombre à ôter (le plus petit) se place sous l'autre; 2º que l'on met les unités sous les unités, les dizaines sous les dizaines, etc.

$$\begin{array}{cccc} 1 & 5 & 9 & 6 \\ & 1 & 4 & 3 \\ \hline 1 & 4 & 5 & 3 \end{array}$$

Une soustraction de nombres de plusieurs chiffres comprend autant de soustractions simples qu'il y a de colonnes.

1º Soustraction des unités : *3 ôté de 6, reste 3.*

2º Soustraction des dizaines : *4 ôté de 9, reste 5.*

3º Soustraction des centaines : *1 ôté de 5, reste 4.*

4º Soustraction des mille : *rien à ôter, 1.*

PREUVE. — On additionne le reste avec le petit nombre, en remontant. On doit retrouver tous les chiffres du plus grand nombre.

QUESTIONNAIRE. — De quoi doit-on ôter les unités? etc. — Quel est le nombre que l'on place sous l'autre? — Comment place-t-on les unités? etc.— Combien une soustraction de nombres de plusieurs chiffres contient-elle de soustractions simples? — Citez ces soustractions. — Comment fait-on la preuve d'une soustraction?

EXERCICES. — I. Effectuer les opérations ci-dessous. Faire la preuve.

(1) 806 — 36	*(2)* 145 — 75	*(3)* 8659 — 1410
172 — 81	8796 — 253	1095 — 324
645 — 214	1204 — 500	8906 — 2701

II. Indiquer et effectuer les opérations suivantes. Oter

(4) 85 litres de 149.
75 mètres de 398.
234 grammes de 758 gr.

(5) 946 francs de 1088ᶠ.
243 gerbes de 1576.
7325 francs de 12878ᶠ.

Problèmes.

1. — Je devais 37ᶠ; j'ai donné 15ᶠ. Combien dois-je encore?

2. — Une personne achète des marchandises pour 60ᶠ; elle donne en payement un billet de 100ᶠ. Combien doit-on lui rendre?

3. — Une caisse pleine pèse 138 kilog.; la marchandise pèse 91 kilog. Combien pèse la caisse?

4. — Une caisse pleine pèse 109 kilog.; vide, elle pèse 12 kilog. Combien pèse la marchandise?

5. — Une personne a gagné 1 176ᶠ dans l'année; elle a dépensé 904ᶠ. Combien a-t-elle économisé?

6. — Un tonneau contenait 690 litres de vin; on en a tiré 420 litres. Combien en reste-t-il?

7. — Un ouvrier a reçu 296ᶠ pour un travail de deux mois; il a gagné 140ᶠ dans le 1ᵉʳ mois. Combien a-t-il gagné dans le 2ᵉ?

8. — Mon père gagne 108ᶠ par mois, mon frère gagne 21ᶠ de moins, et ma mère 24ᶠ de moins que mon frère. Combien gagnent : 1° mon frère; 2° ma mère?

9. — Pierre avait 149ᶠ et il a dépensé 82ᶠ: Paul avait 1 508ᶠ et il a dépensé 705ᶠ. Combien reste-t-il à chacun?

10. — Un débitant avait 1 076 bouteilles de vin de Bourgogne et 128 bouteilles de vin de Bordeaux; il a vendu 502 bouteilles de la 1ʳᵉ espèce et 63 bouteilles de la seconde. Combien lui en reste-t-il de chaque espèce?

11. — Une barrique contenait 198 litres de vin; on en a tiré une 1ʳᵉ fois 42 litres et une seconde fois 84 litres. Combien restait-il de litres à chaque fois?

12. — Un débitant avait en cave 1 245 bouteilles de vin qu'il avait payées 685ᶠ; il en a vendu 504 bouteilles pour 504ᶠ. Combien lui reste-t-il de bouteilles? A combien lui reviennent-elles?

13. — On a reçu 2 caisses d'oranges qui en contiennent chacune 1 188. Combien en restera-t-il dans chaque caisse après en avoir vendu 607 de la 1ʳᵉ et 534 de la seconde?

14. — Un marchand a acheté pour 840ᶠ du drap qu'il a vendu 980ᶠ; pour 305ᶠ de la toile qu'il a vendue 429ᶠ; pour 71ᶠ du mérinos qu'il a vendu 108ᶠ. Combien a-t-il gagné : 1° sur le drap; 2° sur la toile; 3° sur le mérinos?

SYSTÈME MÉTRIQUE

Unités principales.

La principale *monnaie* est le **franc** (en abrégé **f**).

La principale *mesure de capacité* est le **litre (l)**.

La principale *mesure de longueur* est le **mètre (m)**.

La principale *mesure de poids* est le **gramme (g)**.

La principale *mesure de surface* est pour les petites surfaces le **mètre carré (mq)**; pour les terrains, l'**are (a)**.

La principale *mesure de volume* est le **mètre cube (mc)**; et pour les bois, le **stère (s)**.

Les principales mesures sont appelées **unités principales.**

QUESTIONNAIRE. — Quelle est la principale monnaie? — La principale mesure de capacité? — La principale mesure de longueur?— La principale mesure de poids? — La principale mesure pour les petites surfaces? — Pour les terrains? — La principale mesure de volume? — Et pour les bois? — Comment sont appelées les principales mesures?

EXERCICES. — I. Effectuer les opérations suivantes. Faire la preuve.

(*1*) 286 — 125	(*2*) 587 — 206	(*3*) 159 — 66
685 — 60	139 — 47	765 — 405
127 — 84	160 — 90	1609 — 502
(*4*) 1585 — 835	(*5*) 2089 — 1035	(*6*) 14586 — 9036
7869 — 3265	1776 — 610	10608 — 8301
6400 — 300	5480 — 200	18497 — 9281

II. Indiquer et effectuer les opérations suivantes. Retrancher

(**7**) 725^f de 938^f.	(**8**) 732 litres de 1275.
36 mètres de 788.	456^f de 1258^f.
346 bourrées de 1089.	946 boutures de 1486.
(**9**) 1034 fagots de 2685.	(**10**) 824 mots de 1765.
980 gerbes de 1584.	901 feuilles de 1876.
734^f de 1479^f.	872 litres de 1788.

Problèmes d'initiation.

1. — Mon père a 42 ans. Quel âge avait-il il y a 8 ans?

2. — Si j'avais 5^f de plus dans ma bourse, j'aurais 50^f. Combien ai-je?

3. — En revendant un porc 65^f, on fait un bénéfice de 6^f. Combien le porc coûtait-il?

4. — Il y a de la bière dans un tonneau de 60 litres. On le remplirait en y versant 10 litres. Combien y a-t-il de litres de bière dans le tonneau?

EXEMPLE (*somme et différence*) : **D'un petit fût de bière de 40 litres on a tiré 8 litres, puis 5, puis 8, puis 9. Combien reste-t-il de litres?**

On a tiré $8^l + 5^l + 8^l + 9^l = 30$ litres.
Il reste $40^l - 30^l == 10$ litres.

5. — Une ménagère a emporté 20^f au marché; elle a acheté des légumes pour 2^f, 2 poulets pour 5^f, du beurre pour 2^f, et différents objets pour 4^f. Quelle somme rapporte-t-elle?

6. — Je devais 45^f. J'ai donné 3 acomptes de 10^f, 5^f et 20^f. Combien dois-je encore?

7. — Un débitant a acheté un fût de cognac pour 50^f; il a payé 30^f de droits et 3^f de transport. Combien a-t-il gagné s'il l'a revendu 108^f?

8. — On a acheté à un menuisier un lit pour 75^f, une table-à ouvrage pour 9^f; on lui a fait faire des réparations à une table pour 6^f et on lui donne un acompte de 60^f. Combien lui redoit-on?

9. — Pierre a un champ de 48 ares. Paul a à côté un champ de 63 ares. Si Paul vend 10 ares de son champ à Pierre, quelle sera la nouvelle étendue des 2 champs?

10. — J'avais une pièce de 20^f, une pièce de 10^f et une pièce de 5^f. J'ai acheté un veston pour 25^f et un chapeau pour 3^f. Combien me reste-t-il?

11. — Une ménagère a acheté du bœuf pour 18 sous et du porc pour 9 sous. Elle a donné en payement une pièce de 20 sous et une pièce de 10 sous. Combien doit-on lui rendre?

12. — Un débitant avait 15 litres de liqueur d'une espèce et 12 litres d'une autre espèce. Il a vendu 7 litres de la 1re et 8 litres de la 2e. Combien lui reste-t-il de litres de liqueur?

ARITHMÉTIQUE

Soustraction avec retenue.

La différence entre 5 bûchettes et 3 est 2. En rapprochant de chacun des deux nombres une dizaine ou une centaine de bûchettes, on obtient 15 et 13, 105 et 103, et la différence est encore 2.

On peut donc augmenter les 2 nombres d'une soustraction de 10 unités ou une dizaine, de 10 dizaines ou une centaine, etc., sans changer le résultat.

Soustraction concrète.   La même abstraite.

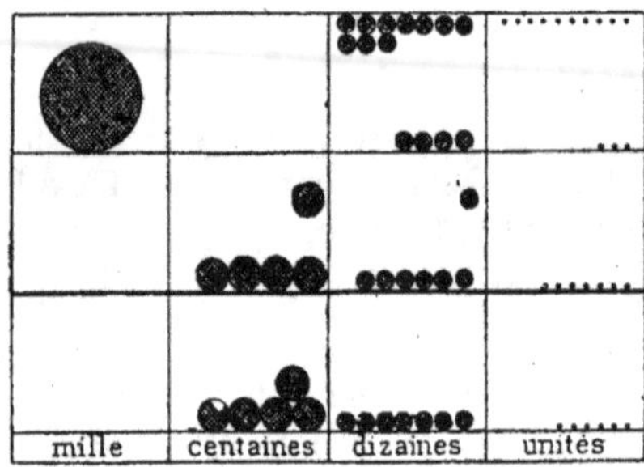

$$1\ 0\ 4\ 3$$
$$4\ 6\ 7$$
$$5\ 7\ 6$$

La soustraction concrète a pour but de matérialiser la retenue. Les unités ajoutées sont représentées au haut des cases.

La soustraction se fait comme une soustraction sans retenue.

On ne peut ôter 7 unités, puisqu'il n'y en a que 3. On ajoute 10 unités à 3, et l'on fait la soustraction entre 7 et 13.

Puisqu'on a ajouté 10 unités au nombre du haut, il faut ajouter 10 à celui du bas. On ajoute donc une dizaine, ce qui en fait 7.

On retranche de même 7 dizaines de 14 dizaines, et on ajoute une centaine à 4, ce qui en fait 5.

Il reste à retrancher 5 centaines de 1 mille ou 10 centaines.

Voir 2e règle, page 26.

QUESTIONNAIRE. — Expliquez pourquoi, en augmentant les unités du haut de 10, on doit augmenter les dizaines du bas de 1, etc.

EXERCICES — Effectuer les soustractions suivantes. Faire la preuve.

(1)	762 — 138 =	851 — 647 =	693 — 246 =
(2)	428 — 153 =	349 — 292 =	935 — 540 =
(3)	1047 — 659 =	1160 — 874 =	1281 — 397 =
(4)	6143 — 527 =	4095 — 1327 =	5914 — 1078 =
(5)	1830 — 961 =	1735 — 948 =	1678 — 889 =

Problèmes.

1. — Un marchand a acheté 144 assiettes ; en les déballant, il en a trouvé 16 de cassées. Combien lui en reste-t-il à vendre ?

2. — Une fermière a vendu du lait pour 150ᶠ. Avec cet argent elle a acheté de la toile pour 64ᶠ. Combien lui reste-t-il ?

3. — Un cheval et un âne ont été payés ensemble 572ᶠ. L'âne seul ayant coûté 75ᶠ, combien vaut le cheval ?

4. — Le Rhône a 812 kilomètres et la Seine 776 kilomètres. Combien le Rhône a-t-il de plus que la Seine ?

5. — On a fait moudre 1260 kilog. de blé et l'on a reçu 985 kilog. de farine ? Quel est le poids du son ?

6. — Un libraire a acheté des volumes pour 360ᶠ. On lui a fait une remise de 118ᶠ. Combien doit-il payer ?

7. — Sur un troupeau de 231 moutons on a vendu 54 brebis et 21 agneaux. Combien reste-t-il de têtes de bétail ?

8. — Un ouvrier ne travaille pas le dimanche et 16 jours de fête par an. Pendant combien de jours travaille-t-il dans l'année ?

9. — Une pièce d'étoffe contenait 80 mètres. Combien en reste-t-il après en avoir vendu 24ᵐ, 15ᵐ et 7ᵐ ?

10. — Une ménagère a acheté du drap pour 24ᶠ, de la toile pour 35ᶠ et différents articles pour 9ᶠ. Elle paye avec un billet de 100ᶠ. Combien doit-on lui rendre ?

11. — J'avais 1000 litres de vin blanc et rouge ; j'ai vendu 436 litres de vin rouge et 78 litres de vin blanc. Combien me reste-t-il de litres de vin ?

12. — Une cassette contient 1650ᶠ ; il y a 580ᶠ en or, 650ᶠ en billets et 4ᶠ en bronze. Quelle est la somme en argent ?

13. — Une mercière avait 130 mètres de ruban blanc et 82 mètres de ruban noir ; elle a vendu 45 mètres de la 1ʳᵉ espèce et 18 mètres de la seconde. Combien lui reste-t-il de mètres de ruban ?

ARITHMÉTIQUE

Résumé-revision.

1re RÈGLE. — Pour faire une soustraction, lorsque le nombre à retrancher et le reste sont inférieurs à 10, on ôte le petit nombre du grand et on écrit le résultat tel qu'on le trouve.

2e RÈGLE. — Pour faire une soustraction, on écrit le petit nombre sous le grand en plaçant les unités sous les unités, les dizaines sous les dizaines, etc. On fait la soustraction des unités, puis celle des dizaines. etc. Si le chiffre du haut n'est pas assez fort, on l'augmente de 10 et l'on augmente de 1 le chiffre inférieur suivant.

QUESTIONNAIRE. — Comment fait-on pour faire une soustraction lorsque le reste est inférieur à 10? — Comment fait-on pour faire une soustraction?

EXERCICES. — I. Effectuer les opérations suivantes. Faire la preuve.

(1)	1240 — 738 =	(2)	1138 — 540 =	(3)	1305 — 928 =
	1572 — 847 =		1860 — 937 =		1691 — 834 =
	1048 — 791 =		1419 — 732 =		1718 — 846 =
(4)	3057 — 279 =	(5)	12865 — 1906 =	(6)	13475 — 947 =
	7006 — 749 =		10475 — 2708 =		2640 — 748 =
	50420 — 25609 =		6530 — 2487 =		61035 — 8041 =

II. Indiquer et effectuer les opérations suivantes. Retrancher

(7)	176 poulets de 228.	86 moutons de 150.
(8)	2700ᶠ de 10048ᶠ.	735 mètres de 1320.
(9)	372 mètres de 405.	849 litres de 15000.
(10)	1086 kilog. de 2741.	2578 kilog. de 15715.
(11)	5800ᶠ de 10200ᶠ.	3407ᶠ de 6238ᶠ.
(12)	536 litres de 800.	975 litres de 12480.
(13)	972ᶠ de 15000ᶠ.	2775ᶠ de 12500ᶠ.
(14)	4938 grammes de 10789.	4780 grammes de 25300.
(15)	7534 litres de 10000.	6375 litres de 14800.

Problèmes.

1. — Une tirelire contient 825ᶠ, dont 168ᶠ en argent et le reste en or. Quelle est la somme en or?

2. — Un maquignon a acheté un cheval 950ᶠ et l'a revendu 1045ᶠ. Combien a-t-il gagné?

3. — Un fermier a reçu 1410ᶠ pour un cheval et un bœuf. Le bœuf lui ayant été payé 425ᶠ, quel est le prix du cheval?

4. — Il me manque 465ᶠ pour acheter une maison de 2600ᶠ. Combien ai-je?

5. — Un vase vide pèse 1235 grammes; on y verse un litre d'huile et il pèse alors 2150 grammes. Quel est le poids d'un litre d'huile?

6. — J'avais 76 billes; j'en ai gagné 18, puis j'en ai perdu 25. Combien en ai-je?

7. — Il me manque 250ᶠ pour acheter un cheval de 700ᶠ. Combien ai-je? Combien me manque-t-il pour avoir 1000ᶠ?

8. — Un boulanger a pétri 208 kilog. de farine avec 106 kilog. d'eau. La cuisson ayant fait perdre 45 kilog., quel est le poids du pain obtenu?

9. — Mon grand-père et ma grand'mère sont morts cette année, mon grand-père à 92 ans et ma grand'mère à 84 ans. En quelle année étaient-ils nés?

10. — J'ai payé 75ᶠ pour un veston, un pantalon et un gilet. Le veston ayant été payé 48ᶠ et le gilet 8ᶠ, quel est le prix du pantalon?

11. — De combien le nombre 3900 surpasse-t-il les nombres 1805, 736 et 2084?

12. — Un jeune ménage a acheté un lit pour 63ᶠ, une armoire pour 118ᶠ et des chaises pour 17ᶠ. Il a donné en payement une 1ʳᵉ fois 50ᶠ, une 2ᵉ fois 45ᶠ. Combien redoit-il?

13. — J'ai dans mon porte-monnaie un billet de 100ᶠ, une pièce de 20ᶠ et 4ᶠ en petite monnaie. Combien me restera-t-il si j'achète un pardessus pour 75ᶠ et un pantalon pour 28ᶠ?

14. — J'ai placé à la caisse d'épargne 120ᶠ, puis 50ᶠ, puis 156ᶠ; j'ai retiré 25ᶠ, puis 40ᶠ, puis 75ᶠ. Combien ai-je encore à la caisse d'épargne?

15. — Un ouvrier a gagné 105ᶠ en janvier, 8ᶠ de moins en février, et en mars 10ᶠ de plus qu'en janvier. Combien a-t-il gagné pendant ces 3 mois?

SYSTÈME MÉTRIQUE

Multiples.

Il y a des mesures 10, 100, 1 000, 10 000 fois plus grandes que l'unité principale.

On les appelle **multiples**.

Les multiples se désignent avec les mots

> **déca** (en abrégé **D**) qui veut dire **10 fois plus grand**.
> **hecto** (— **H**) — **100** —
> **kilo** (— **K**) — **1000** —
> **myria** (— **M**) — **10000** —

D'après cela, le mot **décamètre** signifie **10 mètres**, le mot **hectolitre** signifie **100 litres**, le mot **kilogramme** signifie **1000 grammes**, le mot **myriamètre** signifie **10 000 mètres**.

QUESTIONNAIRE. — N'y a-t-il pas des mesures plus grandes que l'unité principale ? — Comment les appelle-t-on ? — Avec quels mots se désignent les multiples ? — Que signifient : décamètre, hectolitre, kilogramme, myriamètre ?

EXERCICES. — I. Effectuer les opérations suivantes :

(1)
$1215 - 765 =$
$32 + 648 + 9 + 71 =$
$1572 - 845 =$
$75 + 6 + 89 + 1254 =$

(2)
$789 + 65 + 438 + 6 =$
$3865 - 948 =$
$1540 + 983 + 76 + 804 =$
$7420 - 373 =$

II. Indiquer et effectuer les opérations suivantes :

Soustraire :

(3) 1048^f de 1204.
(4) 726 mètres de 2500.
(5) 4560 litres de 11800.
(6) 587^f de 12025.
(7) 1276^f de 4150.
(8) 2015^f de 4800^f.
(9) 34060 mètres de 80000.

Combien font :

676^f, 4^f, 89^f et 1530^f ?
1564 mètres, 38, 759 et 2043 mètres ?
6 litres, 5483, 819 et 72 litres ?
347^f, 94^f, 186^f, 7^f et 7540^f ?
15083^f, 7690^f, 839^f et 71^f ?
6^f, 75^f, 483^f, 5916^f et 48500^f ?
9^f, 3754^f, 28^f, 20639^f et 673^f ?

Problèmes de revision.

1. — Un litre d'eau pèse 1000 grammes et un litre d'huile 915 grammes. Combien un litre d'huile pèse-t-il de moins qu'un litre d'eau?

2. — Un brocanteur a acheté un meuble pour 134^f; il y a fait faire des réparations pour 15^f et il l'a revendu avec un bénéfice de 27^f. Combien l'a-t-il revendu?

3. — Le mont Blanc a 4810 mètres et le mont Cenis 3616 mètres. De combien le mont Blanc dépasse-t-il le mont Cenis?

4. — Un marchand de vin a 3 fûts de 218 litres, 245 litres et 115 litres de vin qu'il veut mettrè dans des bouteilles d'un litre. Combien lui faut-il de bouteilles?

5. — J'avais dans ma poche un billet de 100^f. J'ai acheté une paire de souliers pour 18^f, un chapeau de 6^f et un pardessus de 38^f. Combien me reste-t-il?

6. — Un débitant a acheté du vin pour 468^f. Il a payé pour 26^f de droits et 9^f de transport. Quel est son bénéfice s'il a vendu ce vin 730^f?

7. — Un menuisier achète du bois pour 1070^f. Il donne en payement un lit de 78^f, une armoire de 115^f, une table de 27^f et un billet de 500^f. Combien redoit-il?

8. — Un propriétaire reçoit de ses locataires 1280^f par an. Il paye 92^f de contributions et les réparations à la maison lui coûtent 115^f. Combien lui rapporte sa maison?

9. — Un père a 45 ans; son fils a 12 ans. Quand le fils aura 20 ans, quel sera l'âge du père?

10. — Un père a 40 ans et son fils 15 ans. Quelle est leur différence d'âge? Quel âge auront-ils dans 18 ans?

11. — Un cultivateur a vendu du blé pour 815^f, de l'avoine pour 840^f et de l'orge pour 513^f. Avec le produit de cette vente, il a acheté un cheval pour 810^f et une vache pour 285^f. Combien lui reste-t-il?

12. — Un employé a reçu pour un mois 125^f pour son traitement et 15^f de gratification. Il a dépensé 78^f pour sa nourriture et 26^f pour son entretien et son loyer. Combien lui reste-t-il?

13. — Un particulier a acheté un porc pour 25^f et un second pour 34^f. Il les a revendus ensemble 148^f. Quel est son bénéfice, s'il a dépensé 47^f pour les engraisser?

ARITHMÉTIQUE

Revision.

EXERCICES. — Effectuer les opérations suivantes :

(1) $375^f + 59^f + 6^f + 1857^f =$ (2) $17052^f - 8238^f =$
  $2095^f - 606^f =$ $645^f + 27^f + 15486^f + 8317^f =,$
  $7^f + 86^f + 396^f + 3675^f =$ $19074^f - 9137^f =$
  $24053^f - 17218^f =$ $7860^f + 498^f + 75^f + 6^f + 723^f =$

Problèmes.

1. — On a versé 113 litres de vin dans un tonneau, et on le remplirait en y ajoutant 27 litres. Quelle est la contenance du tonneau?

2. — Il y a du vin dans un tonneau de 225 litres. On l'emplirait en y ajoutant 35 litres. Combien y a-t-il de litres de vin dans ce tonneau?

3. — D'un sac contenant 350^f on a retiré 48^f. Combien reste-t-il?

4. — D'un sac d'argent on a retiré 156^f et il reste 278^f. Quelle somme y avait-il d'abord?

5. — Quelle était la longueur d'une pièce d'étoffe, sachant qu'après en avoir vendu 18 mètres il en reste 27 mètres?

6. — Si une pièce d'étoffe avait 17 mètres de plus, elle aurait 56 mètres. Quelle longueur a-t-elle?

7. — En revendant une vache 243^f, on fait un bénéfice de 25^f. Combien l'avait-on achetée?

8. — Un maquignon a acheté un cheval 375^f. Sur la vente il a perdu 50^f. Combien l'a-t-il revendu?

9. — Si j'avais 18^f de moins, j'aurais exactement le prix d'un meuble de 175^f. Combien ai-je?

10. — La différence entre 2 nombres est 6. Le plus petit est 17. Quel est le plus grand?

11. — La différence entre 2 nombres est 27; le plus grand est 43. Quel est le plus petit?

12. — Combien faudrait-il ajouter à 78^f pour avoir 120^f?

13. — Dans une famille, le père gagne 125^f par mois, la mère 56^f et le fils 79^f. Leur dépense étant de 186^f, quelle est leur économie?

14. — Je devais 836ᶠ. J'ai donné un 1ᵉʳ acompte de 250ᶠ, un 2ᵉ de 175ᶠ et un 3ᵉ de 390ᶠ. Combien dois-je encore?

15. — J'achète une pièce de vin pour 76ᶠ; je paye 8ᶠ de frais, mais on me reprend le fût pour 6ᶠ. A combien me revient cette pièce?

16. — Un marchand a acheté un terrain pour 2 540ᶠ. Il l'a revendu en 3 lots de 1 200ᶠ, 1 180ᶠ et 945ᶠ. Combien a-t-il gagné?

17. — J'ai acheté 1 260 litres de vin en 5 fûts. Les 4 premiers ont 218 litres, 180 litres, 225 litres et 226 litres. Quelle est la contenance du 5ᵉ?

18. — Un domestique gagne 530ᶠ par an. Il a reçu le 1ᵉʳ mai 112ᶠ, le 1ᵉʳ août 96ᶠ et le 1ᵉʳ octobre 178ᶠ. Que lui reste-t-il à recevoir?

19. — A la fin de l'année, je constate que j'ai en caisse 2 672ᶠ. On me doit 1 548ᶠ, mais je dois 765ᶠ. Dites combien je possède.

20. — J'achète un meuble pour 136ᶠ. On me fait une remise de 6ᶠ, mais je paye 4ᶠ de transport et 15ᶠ de réparations. A combien ce meuble me revient-il?

21. — Un employé gagne 2 400ᶠ par an; il dépense 1 400ᶠ pour sa nourriture, 185ᶠ pour son loyer, 175ᶠ pour ses vêtements et 384ᶠ pour dépenses diverses. Combien peut-il économiser?

22. — Sur une facture de 180ᶠ, on bénéficie d'une remise de 9ᶠ. Combien redoit-on si l'on donne 100ᶠ comptant?

23. — Pour payer ses impôts qui s'élèvent à 78ᶠ et son loyer qui est de 615ᶠ, un cultivateur vend une vache pour 246ᶠ et des moutons pour 307ᶠ. Combien lui manque-t-il encore?

24. — Un tailleur a vendu pour 42ᶠ un veston qui lui coûte 26ᶠ; pour 10ᶠ un gilet qui lui coûte 6ᶠ, et pour 27ᶠ un pantalon qui lui coûte 18ᶠ. Combien gagne-t-il sur chaque objet? Combien gagne-t-il en tout?

25. — Un débitant a 2 fûts de vin, l'un de 228 litres, l'autre de 225 litres. Il a vendu successivement pendant une semaine : 35 litres, 24ˡ, 41ˡ, 18ˡ, 34ˡ, 53ˡ et 97 litres. Combien lui reste-t-il de litres?

26. — On offre à un employé 90ᶠ par mois, logé et nourri, ou 160ᶠ ni logé ni nourri. Il estime que la nourriture lui coûterait 70ᶠ et le logement 18ᶠ. De quel côté y a-t-il bénéfice, et quel est ce bénéfice?

27. — Un commerçant avait 1 215ᶠ en caisse; il a reçu 836ᶠ, mais il a payé deux dettes de 446ᶠ et 578ᶠ. Après cela, combien a-t-il encore en caisse?

28. — Un maquignon a acheté un cheval 430ᶠ et un mulet 135ᶠ. A la vente, il a gagné 72ᶠ sur le cheval et perdu 15ᶠ sur le mulet. Combien a-t-il revendu les 2 animaux?

ARITHMÉTIQUE

Multiplication.

Henri a gagné 4 bons points par jour pendant 5 jours. Combien a-t-il gagné de bons points?

Henri a gagné $4 + 4 + 4 + 4 + 4 = 20$ bons points.

Mais on dit plus rapidement : Henri a gagné 5 fois 4 bons points ou 20 bons points.

Cette dernière opération est une *multiplication.*

4 représente des objets : c'est le **multiplicande**.

5 représente le nombre de fois ces objets : c'est le **multiplicateur**.

Le résultat *20* s'appelle le **produit**.

La **multiplication** est une opération qui a pour but de répéter un nombre appelé multiplicande autant de fois que l'indique un 2e nombre appelé multiplicateur.

Le résultat s'appelle produit.

Le multiplicande et le multiplicateur sont appelés **facteurs**.

La multiplication des bons points d'Henri s'écrit :

multiplicande	*multiplicateur*	*produit*
4	$\times$ 5	$=$ 20.

C'est-à-dire   *4*   *multiplié par*   *5*   *égale*   *20.*

Ces sortes de multiplications se font de tête au moyen de la table de multiplication.

Le multiplicande doit s'écrire le 1er. Il représente les mêmes objets que le produit. *4 et 20 représentent des bons points.*

QUESTIONNAIRE. — Combien de nombres emploie-t-on pour faire une multiplication ? — Comment s'appellent-ils ? — Que représente le multiplicande ? — Le multiplicateur ? — Comment s'appelle le résultat ? — Qu'est-ce que la multiplication ? — Comment sont appelés le multiplicande et le multiplicateur ? — Quel est celui que l'on écrit le premier ? — Quels objets représente-t-il ?

EXERCICES. — Indiquer et effectuer les opérations suivantes :

Ex. : *6 fois 5 litres font* $5^l \times 6 = 30$ *litres.*

(*1*) 6 fois 5 litres.   (*2*) 3 fois 6ᶠ.   (*3*) 7 fois 6 grammes.
       8 fois 3 mètres.   5 fois 4 moutons.   8 fois 5 pommes.

Problèmes d'initiation.

1ᵉʳ EXEMPLE (*un produit*) : **Combien coûtent 4 dindes à 6ᶠ la pièce ?**

4 dindes coûtent 4 fois 6ᶠ ou 6ᶠ $\times$ 4 = 24ᶠ.

1. — Que coûtent 5 paires de poulets à 3ᶠ la paire ?
2. — Combien y a-t-il de jours dans 8 semaines ?
3. — Un ouvrier gagne 5ᶠ par jour. Combien peut-il gagner en une semaine de 6 jours de travail ?
4. — Une bonbonne contient 7 litres d'huile. Combien de litres peuvent contenir 8 bonbonnes de même grandeur ?
5. — Une pièce de 1ᶠ pèse 5 grammes. Combien pèsent 9 pièces de 1ᶠ ?
6. — Un enfant met 3ᶠ par mois à la caisse d'épargne. Quelle somme verse-t-il ainsi dans un semestre ?

2ᵉ EXEMPLE (*somme et produit ou réciproquement*) : **On paye pour un litre de rhum 3ᶠ d'achat et 1ᶠ de droits. Combien payerait-on pour 8 litres ?**

On paye pour 1 litre 3ᶠ $+$ 1ᶠ = 4ᶠ.
On payerait pour 8 litres 8 fois 4ᶠ ou 4ᶠ $\times$ 8 = 32ᶠ.

REMARQUE. — Souvent l'addition se fait la dernière.

7. — Un père gagne 5ᶠ par jour et son fils 3ᶠ. Combien gagnent-ils ensemble en une semaine de 6 jours de travail ?
8. — Un marchand achète 5 mètres de drap à 8ᶠ le mètre. Combien doit-il revendre le tout pour gagner 10ᶠ ?
9. — Une fermière a vendu 6 poulets à 3ᶠ la pièce et des oies pour 20ᶠ. Combien a-t-elle reçu ?
10. — Une personne achète 7 litres de cognac à 3ᶠ le litre. Elle paye en outre 2ᶠ de transport et 8ᶠ de droits. A combien lui revient son cognac ?
11. — Une chemise coûte 4ᶠ d'étoffe et 2ᶠ de façon. Combien payera-t-on pour une demi-douzaine ?
12. — Pour faire un vêtement, un tailleur a employé 3 mètres de drap à 8ᶠ le mètre et 6ᶠ de doublure. A combien revient le vêtement si la façon est de 10ᶠ ?

ARITHMÉTIQUE

Tables de multiplication.

1 fois 2, 2	1 fois 3, 3	1 fois 4, 4	1 fois 5, 5
2 fois 2, 4	2 fois 3, 6	2 fois 4, 8	2 fois 5, 10
3 fois 2, 6	3 fois 3, 9	3 fois 4, 12	3 fois 5, 15
4 fois 2, 8	4 fois 3, 12	4 fois 4, 16	4 fois 5, 20
5 fois 2, 10	5 fois 3, 15	5 fois 4, 20	5 fois 5, 25
6 fois 2, 12	6 fois 3, 18	6 fois 4, 24	6 fois 5, 30
7 fois 2, 14	7 fois 3, 21	7 fois 4, 28	7 fois 5, 35
8 fois 2, 16	8 fois 3, 24	8 fois 4, 32	8 fois 5, 40
9 fois 2, 18	9 fois 3, 27	9 fois 4, 36	9 fois 5, 45
1 fois 6, 6	1 fois 7, 7	1 fois 8, 8	1 fois 9, 9
2 fois 6, 12	2 fois 7, 14	2 fois 8, 16	2 fois 9, 18
3 fois 6, 18	3 fois 7, 21	3 fois 8, 24	3 fois 9, 27
4 fois 6, 24	4 fois 7, 28	4 fois 8, 32	4 fois 9, 36
5 fois 6, 30	5 fois 7, 35	5 fois 8, 40	5 fois 9, 45
6 fois 6, 36	6 fois 7, 42	6 fois 8, 48	6 fois 9, 54
7 fois 6, 42	7 fois 7, 49	7 fois 8, 56	7 fois 9, 63
8 fois 6, 48	8 fois 7, 56	8 fois 8, 64	8 fois 9, 72
9 fois 6, 54	9 fois 7, 63	9 fois 8, 72	9 fois 9, 81

2 fois 1, 2	3 fois 1, 3	4 fois 1, 4	5 fois 1, 5
2 fois 2, 4	3 fois 2, 6	4 fois 2, 8	5 fois 2, 10
2 fois 3, 6	3 fois 3, 9	4 fois 3, 12	5 fois 3, 15
2 fois 4, 8	3 fois 4, 12	4 fois 4, 16	5 fois 4, 20
2 fois 5, 10	3 fois 5, 15	4 fois 5, 20	5 fois 5, 25
2 fois 6, 12	3 fois 6, 18	4 fois 6, 24	5 fois 6, 30
2 fois 7, 14	3 fois 7, 21	4 fois 7, 28	5 fois 7, 35
2 fois 8, 16	3 fois 8, 24	4 fois 8, 32	5 fois 8, 40
2 fois 9, 18	3 fois 9, 27	4 fois 9, 36	5 fois 9, 45
6 fois 1, 6	7 fois 1, 7	8 fois 1, 8	9 fois 1, 9
6 fois 2, 12	7 fois 2, 14	8 fois 2, 16	9 fois 2, 18
6 fois 3, 18	7 fois 3, 21	8 fois 3, 24	9 fois 3, 27
6 fois 4, 24	7 fois 4, 28	8 fois 4, 32	9 fois 4, 36
6 fois 5, 30	7 fois 5, 35	8 fois 5, 40	9 fois 5, 45
6 fois 6, 36	7 fois 6, 42	8 fois 6, 48	9 fois 6, 54
6 fois 7, 42	7 fois 7, 49	8 fois 7, 56	9 fois 7, 63
6 fois 8, 48	7 fois 8, 56	8 fois 8, 64	9 fois 8, 72
6 fois 9, 54	7 fois 9, 63	8 fois 9, 72	9 fois 9, 81

EXERCICES, page 36.

3.

Problèmes d'initiation.

1. — Un sou valant 5 centimes, combien 4 sous valent-ils de centimes?

2. — Combien y a-t-il d'arbres dans 4 rangées de chacune 9 arbres?

3. — Une maison a 8 fenêtres, et chaque fenêtre a 6 carreaux. Combien y a-t-il de carreaux en tout?

4. — Dans une classe il y a 8 tables, et chaque table a 5 places. Combien cette classe peut-elle contenir d'élèves?

5. — Combien y a-t-il d'œufs dans 7 demi-douzaines?

EXEMPLE (*produit et différence ou réciproquement*) : **J'achète 7 mètres d'étoffe à 8^f le mètre. Je donne 60^f. Combien doit-on me rendre?**

7 mètres d'étoffe coûtent 7 fois 8^f ou 8^f × 7 = 56^f.
On doit me rendre 60^f — 56^f = 4^f.

REMARQUE. — Dans certains problèmes, la soustraction se fait la première.

6. — Pour payer une dette de 30^f, on a vendu 10 lapins à 2^f l'un. Combien redoit-on?

7. — Un apprenti gagne 10^f par semaine et dépense 8^f. Combien économise-t-il en 9 semaines?

8. — Une mercière a acheté 5 pièces de ruban à 9^f la pièce. On lui a fait une remise de 3^f. Combien doit-elle payer?

9. — On achète 7 moutons à 24^f la pièce et on les revend 29^f. Combien gagne-t-on?

10. — Une fermière a vendu 7 dindes à 6^f la pièce. Avec cet argent elle a acheté de l'étoffe pour 8^f. Combien lui reste-t-il?

11. — Un ouvrier gagne 27^f par semaine et il dépense 3^f par jour. Combien économise-t-il par semaine?

12. — Un marchand de volailles a acheté 4 oies à 8^f la pièce. Il les a revendues 40^f. Quel est son bénéfice?

13 — Un marchand a vendu à raison de 4^f le mètre 9 mètres de drap avariés. Il les avait achetés 46^f. Combien a-t-il perdu?

14. — Dans une classe, il y a 9 tables à 4 places. Combien y a-t-il d'élèves présents si 3 places sont inoccupées?

SYSTÈME MÉTRIQUE

Sous-multiples.

Il y a des mesures 10, 100, 1 000 fois plus petites que l'unité principale.

On les appelle **sous-multiples**.

On désigne les sous-multiples avec les mots

déci (en abrégé **d**) qui veut dire **10 fois plus petit.**
centi (— **c**) — **100** —
milli (— **m**) — **1000** —

D'après cela, le mot **décimètre** veut dire **10 fois plus petit que le mètre**, le mot **centilitre** veut dire **100 fois plus petit que le litre**, le mot **milligramme** veut dire **1 000 fois moins lourd que le gramme.**

QUESTIONNAIRE. — N'y a-t-il pas des mesures plus petites que l'unité principale? — Comment les appelle-t-on? — Avec quels mots les désigne-t-on? — Que veut dire le mot décimètre? — Le mot centilitre? — Le mot milligramme?

EXERCICES. — Indiquer et effectuer les opérations suivantes :

(*1*)	(*2*)	(*3*)
5 fois 8 noisettes.	3 fois 5 litres.	7 fois 3 paires.
6 fois 4 grammes.	7 fois 6 centimètres.	2 fois 7 boules.
8 fois 2 kilogrammes.	6 fois 8ᶠ.	9 fois 2 élèves.
6 fois 5 cahiers.	7 fois 7 bons points.	8 fois 3 pommes.
4 fois 9 plumes.	9 fois 4 clous.	6 fois 9 poires.

(*4*)	(*5*)	(*6*)
9 fois 5 lettres.	5 fois 7ᶠ.	7 fois 3ᶠ.
8 fois 6 grammes.	7 fois 2 litres.	8 fois 4ᶠ.
4 fois 3ᶠ.	3 fois 9 grammes.	8 fois 8 litres.
7 fois 5ᶠ.	6 fois 6 mètres.	9 fois 3 grammes.
7 fois 8 mètres.	8 fois 9ᶠ.	7 fois 6 mètres.

Problèmes d'initiation.

— Un cheval consomme 8 litres d'avoine par jour. Quelle provision faut-il par semaine pour sa nourriture?

2. — 1ᶠ en argent pesant 5 grammes, quel est le poids : 1° de la pièce de 2ᶠ; 2° de la pièce de 5ᶠ?

3. — Une personne a acheté 9 bouteilles de vin de Champagne à 5ᶠ la bouteille. Elle n'en a reçu que 7. Combien doit-elle?

4. — Un libraire a reçu 10 volumes à 3ᶠ l'un. Il n'en paye que 9. Combien doit-il?

1ᵉʳ EXEMPLE (*plusieurs produits*) : **A 5ᶠ l'oie, combien vaudraient 10 paires?**

Une paire d'oies coûte 2 fois 5ᶠ ou 5ᶠ × 2 = 10ᶠ.
10 paires coûtent 10 fois 10ᶠ ou 10ᶠ × 10 = 100ᶠ.

5. — Que valent 5 douzaines de couteaux à 4ᶠ le couteau?

6. — Quel est le poids de 4 pièces de 5ᶠ en argent, si un franc pèse 5 grammes?

7. — Un épicier a reçu 5 paquets de chacun 6 kilog. de café à 3ᶠ le kilog. Combien doit-il?

8. — Dans une petite caisse il y a 3 paquets de chacun 3 kilog. de café. Combien y aurait-il de kilog. de café dans 6 caisses de même grandeur?

2ᵉ EXEMPLE (*produits et somme ou différence*) : **Dans un jardin il y a 4 rangées de chacune 6 pommiers et 8 rangées de chacune 7 poiriers. Combien y a-t-il d'arbres en tout?**

4 rangées de 6 pommiers font 4 fois 6ᴾ ou 6ᴾ × 4 = 24ᴾ.
8 rangées de 7 poiriers font 8 fois 7ᴾ ou 7ᴾ × 8 = 56ᴾ.

Il y a en tout. . . . . 80 arbres.

9. — Il est dû à un ouvrier 6 journées à 4ᶠ et 7 journées à 5ᶠ. Combien lui est-il dû?

10. — Quelle est la contenance totale de 8 bidons de chacun 5 litres et de 9 bidons de chacun 6 litres?

11. — Que payera-t-on pour 3 caisses de chacune 5 demi-douzaines de couteaux à 3ᶠ le couteau, si l'on obtient une remise de 10ᶠ?

12 — Une fermière a vendu 8 paires de canards à 5ᶠ la paire. Avec l'argent qu'elle a reçu, elle a acheté 5 mètres de drap à 6ᶠ le mètre. Combien lui reste-t-il?

ARITHMÉTIQUE

Multiplication d'un nombre de plusieurs chiffres par un nombre d'un chiffre.

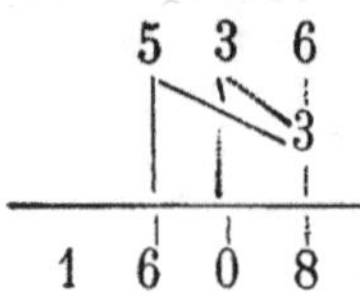

On doit chercher ce que font 3 fois les unités, 3 fois les dizaines, 3 fois les centaines.

On fait autant de multiplications simples qu'il y a de chiffres au multiplicande.

1° Multiplication des unités : *3 fois 6 unités font 18 unités, je pose 8 unités sous les unités et je retiens 1 dizaine.*

2° Multiplication des dizaines : *3 fois 3 dizaines font 9 dizaines et une de retenue, 10. Je pose 0 sous les dizaines et je retiens 1 centaine.*

3° Multiplication des centaines : *3 fois 5 centaines font 15 centaines et une de retenue, 16. J'écris 16.*

REMARQUE. — 4 fois 0 donne 0; 0 fois 4 donne 0.
La multiplication par 0 donne 0.

Voir 2ᵉ règle, page 60.

QUESTIONNAIRE. — Dans une multiplication par un nombre d'un chiffre, combien fait-on de multiplications simples? — Citez ces multiplications. — Lorsque l'un des facteurs est 0, qu'est le produit?

EXERCICES. — I. Effectuer les opérations suivantes :

(1)	$408 \times 5 =$	*(2)*	$489 \times 7 =$	*(3)*	$942 \times 9 =$
	$576 \times 4 =$		$786 \times 2 =$		$758 \times 6 =$
	$627 \times 3 =$		$396 \times 8 =$		$185 \times 8 =$
(4)	$3948 \times 2 =$	*(5)*	$9483 \times 4 =$	*(6)*	$4953 \times 3 =$
	$6934 \times 6 =$		$8274 \times 8 =$		$8763 \times 9 =$
	$3276 \times 7 =$		$9075 \times 5 =$		$5087 \times 7 =$

II. Indiquer et effectuer les opérations suivantes :

(7) 4 fois 75 mètres.   (8) 3 fois 805 litres.   (9) 6 fois 648ᶠ.
    7 fois 378 mètres.   49 fois 5 litres *.   1079 fois 8ᶠ.
    6 fois 3579 mètres.   1829 fois 2 litres.   9 fois 9178ᶠ.

Problèmes.

1. — Combien y a-t-il de litres de vin dans 6 pièces de chacune 238 litres ?

2. — Un employé gagne 8ᶠ par semaine. Combien gagne-t-il par an ?

3. — Un ouvrier gagne 4ᶠ par jour de travail. Combien gagne-t-il dans l'année, s'il travaille 305 jours ?

4. — Quel est le gain annuel d'un employé qui gagne 7ᶠ par jour ?

5. — Un horloger a acheté en fabrique 9 montres en or à raison de 375ᶠ l'une. Combien doit-il payer ?

6. — Que coûtent 8 467 mètres carrés de terrain à 5ᶠ le mètre ?

7. — Quelle est la contenance de 4 cuves de chacune 4 780 litres ?

8. — Un employé gagne 350ᶠ par mois. Que gagne-t-il : 1º dans un trimestre ? 2º dans un semestre ?

9. — Dans un panier il y avait 8 douzaines d'œufs. On a retiré 38 œufs. Combien en reste-t-il ?

10. — J'ai acheté 7 pièces de vin à raison de 89ᶠ l'une. J'ai payé en outre 21ᶠ de droits et 18ᶠ de transport pour le tout. A combien me reviennent-elles ?

11. — Un marchand a acheté 3 pièces de drap de 75 mètres, 86 mètres et 108 mètres à 4ᶠ le mètre. Combien doit-il ?

12. — Un marchand a acheté 368 mètres de drap à 6ᶠ le mètre ; il le revend 8ᶠ le mètre. Quel est son bénéfice ?

13. — J'ai acheté 158 mètres de velours à 6ᶠ le mètre. Je donne en payement un billet de 1 000ᶠ. Combien doit-on me rendre ?

14. — Une couturière avait 7 robes qui lui revenaient à 64ᶠ l'une. Elle les a vendues avec un bénéfice total de 158ᶠ. Combien les a-t-elle vendues ?

15. — Un épicier a acheté un tonneau d'huile pesant brut 245 kilog. Si le fût pèse 26 kilog., quelle est la valeur de l'huile à raison de 2ᶠ le kilog. ?

---

* Dans l'opération pratique, on peut mettre le multiplicande à la place du multiplicateur ; mais, dans l'indication, les facteurs doivent conserver leur place.

SYSTÈME MÉTRIQUE

Monnaies.

L'unité principale des monnaies est le **franc**.
Le franc est une pièce en argent qui pèse **5 grammes**.
Le franc n'a pas de multiples.

On ne dit pas un décafranc, mais 10 francs; un hectofranc, mais 100 francs.

Les *sous-multiples* du franc sont :

le **décime**, qui vaut 10 fois moins que le franc;
le **centime**, qui vaut 100 fois moins que le franc.

Pièce de 5 centimes
en bronze.

Pièce de 1 franc
en argent.

Pièce de 10 francs
en or.

Les pièces de monnaie sont en **bronze**, en **argent** ou en **or**.

Les *pièces en bronze* sont : 1 centime, 2 centimes, 5 centimes (ou 1 sou), 10 centimes (ou 2 sous).

Les *pièces en argent* sont : 20 centimes, 50 centimes, 1^f, 2^f, 5^f.

Les *pièces en or* sont : 5^f, 10^f, 20^f, 50^f, 100^f.

Outre ces pièces, il y a des billets de banque de 50^f, de 100^f, de 500^f et de 1 000^f.

Montrer et faire distinguer les pièces en bronze et les pièces en argent.
Faire payer de petites sommes avec ces pièces.

QUESTIONNAIRE. — Quelle est l'unité principale des monnaies? — Qu'est-ce que le franc? — Le franc a-t-il des multiples? — Citez les sous-multiples du franc? — En quoi sont les pièces de monnaie? — Citez les pièces en bronze, les pièces en argent, les pièces en or, les billets.

EXERCICES ORAUX. — Combien faut-il de décimes pour faire 1ᶠ, 4ᶠ, 8ᶠ?
Combien faut-il de centimes pour faire 1ᶠ, 3ᶠ, 5ᶠ, 9ᶠ?
Combien faut-il de pièces de 5 centimes (1 sou) pour faire 1ᶠ, 2ᶠ, 3ᶠ, 5ᶠ?
Combien faut-il de pièces de 10 centimes (2 sous) pour faire 1ᶠ, 2ᶠ, 6ᶠ?
Combien faut-il de pièces de 50 centimes pour faire 1ᶠ, 4ᶠ, 7ᶠ, 10ᶠ?
Combien pèsent : 1ᶠ en argent, 2ᶠ, 5ᶠ, 6ᶠ, 8ᶠ, 10ᶠ?
Un centime en bronze pèse un gramme. Combien pèsent 2 centimes,
5 centimes, 10 centimes, 25 centimes, 75 centimes?
Quelle est la valeur de 1 gr. en bronze, de 2 gr., 5 gr., 10 gr., 45 gr.?
Quelle est la valeur de 5 gr. en argent, de 10 gr., 20 gr., 50 gr.?

Problèmes.

1. — Quelle est, en centimes, la valeur de 384 pièces de 5 centimes?

2. — Combien pèse une somme de 650ᶠ en argent?

3. — Que valent 796 kilog. de café à 3ᶠ le kilog.?

4. — Combien payerait-on pour 6 chevaux à 1 285ᶠ l'un?

5. — Pour peser une marchandise, on a mis sur le plateau d'une balance 48 pièces de 5 centimes. Quel est, en grammes, le poids de cette marchandise?

6. — J'ai acheté des marchandises pour 182ᶠ. J'ai donné en payement 37 pièces de 5ᶠ. Combien doit-on me rendre?

7. — Pour son travail d'un mois, un ouvrier a reçu 34 pièces de 5ᶠ, plus 6ᶠ en monnaies diverses. Combien a-t-il reçu?

8. — Combien pèse une somme de 487ᶠ en argent et 75 centimes en bronze?

9. — Un maquignon a emporté 57 pièces de 5ᶠ en or; il en a rapporté 28. Quelle somme a-t-il dépensée?

10. — Une fermière a vendu une 1ʳᵉ fois 76 dindes à 7ᶠ la pièce et une seconde fois 54 dindes au même prix que les premières. Quelle somme totale a-t-elle reçue?

11. — Un coutelier a reçu 348 demi-douzaines de couteaux à 4ᶠ le couteau. Quelle somme doit-il?

12. — Quelle est la valeur d'une somme composée de 476 pièces de 2ᶠ et 108 pièces de 5ᶠ?

13. — Pour payer une dette, on a donné 400ᶠ en billets, 35 pièces de 5ᶠ, 28 pièces de 2ᶠ et 15 pièces de 1ᶠ. Quelle était cette dette?

ARITHMÉTIQUE

Multiplication par 10, 100, 1000.

10 fois **8** bûchettes font 8 dizaines ou **80**[b].
100 fois **15** bûchettes font 15 centaines ou **1 500**[b].
1 000 fois **24** bûchettes font 24 mille ou **24 000**[b].

Pour multiplier un nombre entier par 10, par 100, par 1 000, etc., on considère les unités comme des dizaines, des centaines, des mille.

Et pour cela, on écrit 1, 2, 3 zéros à la droite du nombre.

QUESTIONNAIRE. — Comment fait-on pour multiplier un nombre entier par 10, par 100, par 1000, etc.?

EXERCICES. — I. Multiplier par 10 :

| 5[f] | 37[f] | 72[f] | 440[f] | 739[f] |
| 1025[f] | 3000[f] | 4528[f] | 7880[f] | 17300[f] |

II. Multiplier par 100 :

| 8[f] | 41[f] | 70[f] | 135[f] | 600[f] |
| 786[f] | 843[f] | 1537[f] | 5600[f] | 10000[f] |

III. Multiplier par 1000, et répéter l'exercice en multipliant par 10000 :

| 6[f] | 15[f] | 90[f] | 135[f] | 400[f] |
| 751[f] | 840[f] | 972[f] | 1024[f] | 7426[f] |

IV. Effectuer les opérations suivantes :

$48^f \times 10$ $57^f \times 100$ $6^f \times 1000$
$92^f \times 1000$ $168^f \times 100$ $475^f \times 10$
$800^l \times 100$ $2800^l \times 1000$ $820^l \times 10$

V. Indiquer et effectuer les opérations ci-après :

(*1*)   10 fois 20[f].   100 fois 12 litres.   1000 fois 15 grammes.
(*2*)   35 fois 10[f]*.   58 fois 100 mètres.   72 fois 1000 litres.
(*3*)   545 fois 100 litres.   76 fois 1000 mètres.   1730 fois 10[f].

---

* 10×35 donne le même résultat que 35×10. Dans l'indication de l'opération, les facteurs doivent conserver leur place.

Problèmes.

1. — Que valent 12 mètres de drap à 10^f le mètre ?

2. — Un train parcourt 10 lieues à l'heure. Quelle distance peut-il parcourir en 24 heures ?

3. — Quelle est la valeur de 35 billets de 100^f ?

4. — Un arc de terrain vaut 63^f. Que valent 100 ares de ce terrain ?

5. — Que payera-t-on pour 100 moutons à 25^f la pièce ?

6. — Que valent 148 billets de 1 000^f ?

7. — La pièce de 2^f pèse 10 grammes. Combien pèsent 100 pièces de 2^f ?

8. — Un employé gagne 100^f par mois. Combien gagne-t-il par an ?

9. — A 1 000^f l'hectare de terre, combien coûtent 78 hectares ?

10. — Un mètre de drap valant 15^f, à combien reviendraient 1 000 m. de ce drap si l'on paye 16^f de port ?

11. — Un marchand achète 100 mètres de soie à 14^f le mètre. On lui fait une remise de 132^f. Combien doit-il ?

12. — Un propriétaire a acheté un terrain de 178 ares à raison de 10^f l'arc. Il l'a fait entourer d'une haie qui lui coûte 96^f. A combien lui revient son champ ?

13. — Un marchand a acheté 56 mètres de drap à 10^f le mètre et 44 mètres de velours au même prix que le drap. Combien doit-il payer ?

14. — Un ouvrier qui gagne 1 475^f par an dépense 1 295^f. Combien peut-il économiser en 10 ans ?

15. — 1 000 mètres de terrain achetés 3^f le mètre ont été revendus 4 180^f. Quel est le bénéfice ?

16. — Que doit-on pour 100 mètres de drap à 13^f le mètre et 1 000 m. de toile à 2^f le mètre ?

17. — Pour payer un achat de 586^f, un marchand a donné 5 billets de 100^f et 9 pièces de 10^f. Combien doit-on lui rendre ?

18. — Un débitant a vendu 100 bouteilles de vin de Champagne à 5^f la bouteille et 1000 bouteilles de vin de Bordeaux à 3^f la bouteille. Combien a-t-il reçu ?

19. — Un marchand a vendu 100 moutons à 24^f l'un et 10 vaches à 275^f l'une. Quel est son bénéfice s'il a payé le tout 4 685^f ?

ARITHMÉTIQUE

Multiplication par *1, 2, 3, 4, 5, 6, 7, 8, 9 dizaines ou centaines.*

		4	5	8	
			6	0	
2	7	4	8		*dizaines*
ou 2	7	4	8	0	*unités*

		4	6	5	
			7	0	0
3	2	5	5		*centaines*
ou 3	2	5	5	0	0 *unités*

Pour multiplier par 20, 30, 40, 50, 60, 70, 80, 90, il suffit de multiplier par 2, 3, 4, 5, 6, 7, 8, 9. On obtient des dizaines, Il n'y a qu'à placer ensuite un 0 à la droite du produit.

Pour multiplier par 200, 300, etc., il suffit de multiplier par 2, 3, 4, 5, 6, 7, 8, 9. On obtient des centaines. Il n'y a qu'à placer ensuite 2 zéros à la droite du produit.

QUESTIONNAIRE. — Comment fait-on pour multiplier par 20, 30, 40, 50, 60, 70, 80, 90? — Qu'obtient-on? — Que met-on à la droite du produit? — Mêmes questions pour les centaines.

EXERCICES. — I. Effectuer les opérations suivantes :

(1) $453 \times 30 =$ (2) $388 \times 80 =$ (3) $3758 \times 90 =$
$386 \times 40 =$ $597 \times 60 =$ $2986 \times 70 =$
$579 \times 20 =$ $609 \times 50 =$ $6307 \times 10 =$

(4) $584 \times 400 =$ (5) $647 \times 300 =$ (6) $3506 \times 900 =$
$376 \times 700 =$ $1843 \times 500 =$ $6758 \times 600 =$
$7180 \times 200 =$ $3865 \times 800 =$ $3065 \times 500 =$

II. Indiquer et effectuer les opérations ci-après :

(7) 60 fois 350ᵐ.   40 fois 328ˡ.   70 fois 538ᶠ.
(8) 300 fois 735ᵍ.   500 fois 3160ᶠ.   200 fois 2845ᵍ.
(9) 80 fois 875ˡ.   90 fois 179ᵍ.   800 fois 589ˡ.
(10) 700 fois 1096ᶠ.   400 fois 779ᵐ.   600 fois 1837ᵐ.

Problèmes.

1. — Quel est le prix de 35 ares de terre à 40ᶠ l'are ?

2. — Combien y a-t-il de jours dans 10 ans ? dans 30 ans ?

3. — Combien y a-t-il de minutes dans 24 heures ou un jour ?

4. — Combien y a-t-il de secondes dans 148 minutes ?

5. — On a acheté 275 pièces de vin à 50ᶠ l'une. Combien doit-on payer ?

6. — Combien y a-t-il d'oranges dans 96 caisses qui en contiennent chacune 8 dizaines ?

7. — Un train parcourt 825 mètres par minute. Combien de mètres parcourt-il par heure ?

8. — Un chemin de fer de 38 506 mètres a coûté 70ᶠ le mètre. Combien a-t-il coûté ?

9. — Dans une famille, le père gagne par jour de travail 8ᶠ, la mère 4ᶠ, le fils 5ᶠ. Combien gagnent-ils ensemble dans une année de 300 jours de travail ?

10. — On a acheté à raison de 17ᶠ le mètre une pièce de drap de 30 mètres et une seconde de 60 mètres. Combien doit-on ?

11. — Un marchand a acheté 300 mètres de drap à 14ᶠ le mètre. Combien doit-il payer si on lui fait une remise de 125ᶠ ?

12. — Un marchand avait 90 mètres de soie ; 10 mètres étant avariés, il a vendu le reste 28ᶠ le mètre. Combien a-t-il reçu ?

13. — Combien payera-t-on pour 4 pièces de velours de chacune 20 mètres à 18ᶠ le mètre ?

14. — Combien y a-t-il de secondes dans un jour ?

15. — Un marchand a vendu 5 douzaines de chemises à 8ᶠ l'une. Combien a-t-il reçu ?

16. — Un débitant a vendu à raison de 4ᶠ le litre un tonneau de 30 litres de rhum et un second tonneau de 60 litres. Combien a-t-il vendu : 1° chaque tonneau ; 2° le tout ?

17. — Un cultivateur a récolté dans un are de terre 26 litres de grain et 75 kilog. de paille. Combien de litres de grain et de kilog. de paille a-t-il récoltés dans 70 ares ?

18. — Un débitant a acheté 75 hectolitres de vin à 30ᶠ l'hectolitre et 108 hectolitres d'une autre qualité à 20ᶠ l'hectolitre. A combien lui revient ce vin, si on lui a fait une remise de 78ᶠ ?

SYSTÈME MÉTRIQUE

Mesures de capacité.

L'unité principale des *mesures de capacité* est le **litre**.
Les *multiples* du litre sont :

le **décalitre** (en abrégé **Dl**), qui vaut 10 litres ;
l'**hectolitre** (— **Hl**), qui vaut 100 litres.

Les *sous-multiples* du litre sont :

le **décilitre** (en abrégé **dl**), qui est 10 fois plus petit que le litre ;

le **centilitre** (— **cl**), qui est 100 fois plus petit que le litre ;

le **millilitre** (— **ml**), qui est 1000 fois plus petit que le litre.

QUESTIONNAIRE. — Quelle est l'unité principale des mesures de capacité ?
Citez avec leur valeur les multiples du litre ; ses sous-multiples.

EXERCICES ORAUX. — Combien y a-t-il de litres dans 1 Dl, 5, 8, 15 Dl,
dans 1 Hl, 4, 8, 7, 9, 12, 20 hectolitres ?
Combien y a-t-il de décalitres dans 1 Hl, dans 2, 4, 7, 9, 12, 15 hectolitres ?
Combien y a-t-il de décilitres dans 1 litre ? dans 3, 5, 6, 8, 14 litres ?
Combien un décilitre vaut-il de centilitres ?
Combien un centilitre vaut-il de millilitres ?
Combien un décalitre vaut-il de décilitres ?

EXERCICES ÉCRITS. — **Ex.** : 5 ^{Dl} font 50 litres, 7^{Hl} 25^{l} font 725 litres.
I. Combien de litres font :

(1)	5^{Dl}	8^{Dl}	6^{Hl}	9^{Hl}
(2)	5^{Dl}4^{l}	8^{Dl}6^{l}	15^{Dl}8^{l}	20^{Dl}5^{l}	32^{Dl}2^{l}
(3)	1^{Hl}25^{l}	6^{Hl}50^{l}	7^{Hl}35^{l}	10^{Hl}30^{l}	15^{Hl}75^{l}
(4)	2^{Hl}4^{l}	8^{Hl}5^{l}	10^{Hl}8^{l}	12^{Hl}7^{l}	35^{Hl}2^{l}
(5)	1^{Hl}3^{Dl}	6^{Hl}6^{Dl}	3^{Hl}4^{Dl}	8^{Hl}5^{Dl}, etc.	

II. Combien de décalitres valent :

(6)	4^{Hl}	12^{Hl}	25^{Hl}	
(7)	4^{Hl}3^{Dl}	6^{Hl}8^{Dl}	9^{Hl}5^{Dl}	10^{Hl}7^{Dl}, etc.

111. Effectuer les opérations suivantes et exprimer les résultats en litres :

(8) $15^{Dl} + 25^{l} + 4^{Hl}$. $6^{Hl} + 45^{Dl} + 125^{l}$,   etc.

(9) $320^{l} + 3^{Dl}6^{l} + 4^{Hl}25^{l}$. $185^{l} + 3^{Dl}8^{l} + 5^{Hl}30^{l}$,   etc.

(10) $38^{Hl} - 175^{l}$. $675^{Dl} - 348^{l}$. $35^{Hl} - 23^{Dl}$,   etc.

(11) $67^{Hl}50^{l} - 485^{l}$. $38^{Dl}15^{l} - 75^{l}$. $36^{Hl}6^{l} - 25^{Dl}8^{l}$.

N. B. — Dans toutes les opérations et conversions des mesures métriques, il y a avantage à faire placer les nombres sous un tableau comme suit :

M   K   H   D   U

Problèmes.

1. — Que payera-t-on pour 1 décalitre d'huile à 2^f le litre ?

2. — Un litre de cognac valant 4^f, que vaut un fût de 1 hectolitre ?

3. — Quelle est la valeur de 4 hectolitres de vin de Bordeaux à 3^f le litre ?

4. — Combien vaut un hectolitre de graine de trèfle à 3^f le décalitre ?

5. — On a acheté une 1re fois 218 litres de vin et une 2e fois 4 hectolitres. Combien a-t-on de litres ?

6. — Combien y a-t-il de litres de bière dans 3 fûts qui en contiennent le 1er 75 litres, le 2e 1 hectolitre, le 3e 4 décalitres ?

7. — D'un fût de 3 hectolitres de cidre on a bu 7 décalitres 6 litres. Combien de litres reste-t-il dans le fût ?

8. — Un cultivateur avait 35 hectolitres d'avoine ; il en a vendu 55 décalitres. Combien de litres lui reste-t-il ?

9. — Que valent 8 hectolitres de blé à 2^f le décalitre ?

10. — On a acheté 4 hectolitres de vin ; on a trouvé dans chaque hectolitre 5 litres de lie. Combien reste-t-il de litres de bon vin ?

11. — J'ai acheté 4 décalitres 6 litres d'huile d'olive à 2^f le litre ; j'ai payé avec un billet de 100^f. Combien doit-on me rendre ?

12. — On a acheté 26 hectolitres de haricots à 3^f le décalitre ; on a payé en outre 16^f de transport et 2^f de commission. A combien reviennent ces haricots ?

13. — Quel est le poids de 40 sacs de blé contenant chacun 1 hectolitre 2^{Dl}, si le décalitre pèse 8 kilog. ?

14. — On a acheté $1^{Hl}45$ litres de vin de Bordeaux à 3^f le litre, et $2^{Hl},8$ litres de vin de Bourgogne au même prix que le 1er. Combien doit-on ?

ARITHMÉTIQUE

Multiplication de deux nombres de plusieurs chiffres.

EXEMPLE :

```
        3 4 5
        4 6 7
      ─────────
      2 4 1 5   unités
    2 0 7 0     dizaines
  1 3 8 0       centaines
  ───────────
  1 6 1 1 1 5
```

On doit multiplier le multiplicande 345 : 1° par les 7 unités; 2° par les 6 dizaines; 3° par les 4 centaines du multiplicateur.

Une multiplication par un nombre de plusieurs chiffres se compose d'autant de multiplications simples qu'il y a de chiffres au multiplicateur.

1° **Multiplication par les unités** : *345 par 7. Cette multiplication donne 2415 unités, et le 1er chiffre se place sous le chiffre des unités du multiplicateur.*

2° **Multiplication par les dizaines** : *345 par 6. Cette multiplication donne 2070 dizaines, et le 1er chiffre se place sous le chiffre des dizaines du multiplicateur.*

3° **Multiplication par les centaines** : *345 par 4. Cette multiplication donne 1380 centaines, et le 1er chiffre se place sous le chiffre des centaines du multiplicateur.*

Chacun des 3 produits s'appelle *produit partiel.*
On additionne les produits partiels pour avoir le produit total.

Voir 3e règle, page 60.

QUESTIONNAIRE. — De combien de multiplications simples se compose une multiplication dont le multiplicateur a plusieurs chiffres? — Citez ces multiplications simples. — Que donne la multiplication par le chiffre des unités? — Où se place le premier chiffre de ce produit? etc. — Comment appelle-t-on les produits de chaque multiplication simple? — Que fait-on pour avoir le produit total?

EXERCICES. — I. Effectuer les opérations suivantes :

(*1*) $45^f \times 38 =$ (2) $578^f \times 69 =$ (3) $5630^f \times 47 =$
   $69^f \times 75 =$ $670^f \times 28 =$ $4832^f \times 32 =$
   $87^f \times 46 =$ $578^f \times 78 =$ $6048^f \times 29 =$

II. Indiquer et effectuer les opérations suivantes :

(*4*) 58 fois 45^f.   (*5*) 138 fois 25^f.   (*6*) 378 fois 65^f.
   36 fois 86^m.   598 fois 93^m.   1652 fois 49^g.
   95 fois 16^{Hl}.   485 fois 75^g.   3028 fois 94^f.

Problèmes.

1. — Quel est le prix de 58 moutons à 24^f la pièce ?

2. — Combien coûtent 76 hectolitres de vin à 45^f l'hectolitre ?

3. — On a acheté 87 sacs de haricots à 28^f le sac. Combien doit-on ?

4. — Un employé gagne 185^f par mois. Combien gagne-t-il par an ?

5. — Quelle est la valeur de 375 ares de terrain à 238^f l'are ?

6. — Un ouvrier gagne 37^f par semaine. Combien gagne-t-il par an ?

7. — On a acheté 37 barriques de vin à 108^f la barrique. A combien revient ce vin si l'on a eu 235^f de frais divers ?

8. — On a vendu 2 prés, l'un de 437 ares, l'autre de 95 ares, à raison de 48^f l'are. Combien a-t-on reçu ?

9. — On a acheté 77 hectolitres de cidre à 19^f l'hectolitre ; on les a revendus 1 800^f. Combien a-t-on gagné ?

10. — Un marchand a acheté, à raison de 40^f l'un, 476 vestons qu'il a revendus 57^f l'un. Combien a-t-il gagné ?

11. — D'un sac de blé de 115 kilog., on a retiré 96 kilog. de farine et 19 kilog. de son. Combien de kilog. de farine et de kilog. de son retirerait-on de 126 sacs de même poids ?

12. — Un ouvrier place 27^f par mois à la caisse d'épargne. Combien peut-il placer ainsi en 8 ans ?

13. — Un cultivateur a vendu 458 sacs de blé à 16^f le sac et 1 075 sacs d'avoine à 8^f le sac. Combien a-t-il reçu ?

ARITHMÉTIQUE

EXERCICES. — I. Effectuer les opérations suivantes :

(1)	$458 \times 27 =$	*(2)*	$549 \times 64 =$	*(3)*	$805 \times 78 =$
	$572 \times 36 =$		$764 \times 58 =$		$687 \times 96 =$
	$788 \times 84 =$		$589 \times 72 =$		$948 \times 49 =$
(4)	$867 \times 435 =$	*(5)*	$685 \times 777 =$	*(6)*	$869 \times 258 =$
	$780 \times 578 =$		$579 \times 845 =$		$548 \times 756 =$
	$356 \times 791 =$		$407 \times 781 =$		$932 \times 649 =$
(7)	$8654 \times 471 =$	*(8)*	$8062 \times 451 =$	*(9)*	$6583 \times 743 =$
	$6058 \times 487 =$		$1894 \times 357 =$		$6087 \times 459 =$
	$6904 \times 753 =$		$8650 \times 842 =$		$5289 \times 875 =$

II. Indiquer et effectuer les opérations ci-après :

(10)	378 fois 85ᶠ.	*(11)*	708 fois 74ᶠ.
	736 fois 76ᶠ.		61 fois 547ᶠ.
	59 fois 760ᶠ.		87 fois 538ᶠ.
(12)	895 fois 742 mètres.	*(13)*	784 fois 576 mètres.
	876 fois 698 mètres.		347 fois 748 mètres.
	164 fois 587 mètres.		586 fois 789 mètres.
(14)	736 fois 228 litres.	*(15)*	6812 fois 87 litres.
	3450 fois 175 litres.		578 fois 4528 litres.
	7320 fois 558 litres.		376 fois 6037 litres.
	4082 fois 735 litres.		187 fois 2078 litres.

4.

Problèmes.

1. — Combien de litres contiennent 45 fûts de chacun 228 litres ?

2. — Une fontaine donne 654 litres d'eau par heure. Combien donne-t-elle de litres par jour ?

3. — Dans un verger, il y a 36 rangées de chacune 84 arbres. Combien y a-t-il d'arbres dans ce verger ?

4. — Le son parcourt 340 mètres par seconde. A quelle distance se trouve-t-on d'un nuage orageux si l'on a compté 10 secondes entre l'éclair et le coup de tonnerre ?

5. — On a acheté 187 mètres de drap à 15ᶠ le mètre. Combien doit-on ?

6. — On a acheté 3 pièces de soie de chacune 48 mètres, à 26ᶠ le mètre. Combien doit-on ?

7. — Dans 38 fûts de chacun 215 litres de vin, on a trouvé 254 litres de lie. Combien reste-t-il de litres de bon vin ?

8. — Un vigneron a récolté 37 pièces de chacune 187 litres de vin rouge et une barrique de 350 litres de vin blanc. Combien a-t-il récolté de litres de vin ?

9. — Dans une boîte il y a 12 douzaines de plumes. Combien y a-t-il de plumes dans un paquet de 64 boîtes ?

10. — Un are de terrain a donné 58 litres de grain et 149 kilog. de paille. Combien de litres de grain et de kilog. de paille a donnés un champ de 328 ares ?

11. — Un coquetier a 2 paniers contenant : l'un 35 douzaines d'œufs et l'autre 46 douzaines. Combien y a-t-il d'œufs dans les 2 paniers ?

12. — On mélange 35 tonneaux de chacun 218 litres de vin d'une qualité avec 17 tonneaux de chacun 135 litres d'une autre qualité. Combien obtient-on de litres de mélange ?

13. — 138 ouvriers gagnant chacun 6ᶠ par jour ont travaillé 25 jours dans un mois. Combien ont-ils gagné ensemble ?

14. — Un marchand a acheté 27 fûts de chacun 6 décalitres 5 litres d'huile à raison de 2ᶠ le litre. Il a eu 17ᶠ de frais. A combien lui revient le tout ?

15. — Combien doit-on payer pour 8 hectolitres de vin de Champagne à 8ᶠ le litre et 6 hectolitres de vin de Bordeaux à 3ᶠ le litre, si l'on bénéficie d'une remise de 170ᶠ ?

SYSTÈME MÉTRIQUE

Mesures effectives de capacité.

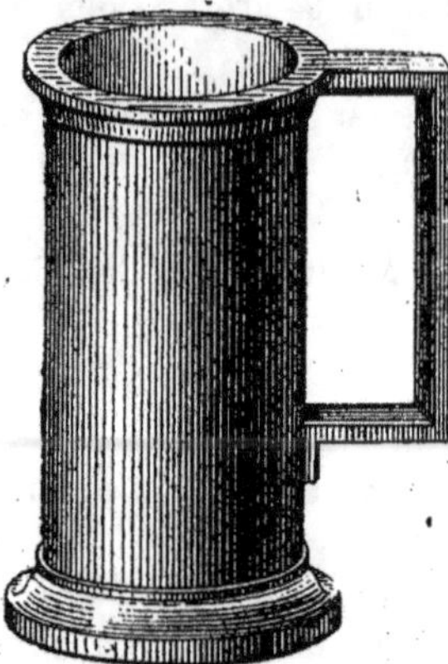

Litre en étain.

Litre en fer-blanc.

Les mesures de capacité sont en *étain*, en *fer-blanc*, en *bois*, en *cuivre* ou en *fonte*.

Les mesures en étain servent à mesurer le vin, le vinaigre, etc. Ce sont : le **centilitre**, le **double centilitre**, le **demi-décilitre**, le **décilitre**, le **double décilitre**, le **demi-litre**, le **litre**.

Les mesures en fer-blanc servent à mesurer l'huile, le lait.

Ce sont les mêmes que les mesures en étain.

Les mesures en bois servent à mesurer les grains.

Ce sont : le **décilitre**, le **double décilitre**, le **demi-litre**, le **litre**, le **double litre**, le **demi-décalitre**, le **décalitre**, le **double décalitre**.

Les mesures en cuivre ou en fonte servent à mesurer les vins, les charbons, etc. Ce sont le **demi-hectolitre** et l'**hectolitre**.

QUESTIONNAIRE. — En quoi sont les mesures de capacité? — A quoi servent les mesures en étain? — Citez ces mesures. (Mêmes questions pour les mesures en fer-blanc, en bois, en cuivre ou en fonte.)

EXERCICES PRATIQUES. — Faire distinguer les mesures que l'on a en sa possession. Avec du sable, en mesurer la grandeur proportionnelle.

EXERCICES ORAUX. — Combien y a-t il :

1° De litres dans un double litre, dans un demi-décalitre, dans un double décalitre?

2° De demi-litres dans un litre, dans un double litre, dans un décalitre?

3° De décilitres dans un double décilitre, dans un demi-litre, dans un double litre?

4° De doubles litres dans un décalitre, dans un double décalitre, dans un hectolitre?

5° De demi-décalitres dans un décalitre, dans un double décalitre, dans un hectolitre?

6° De décalitres dans un double décalitre, dans un demi-hectolitre?

7° De doubles décalitres dans un hectolitre?

EXERCICES ÉCRITS. — Effectuer les opérations suivantes. Exprimer les résultats en litres.   Exemple : 18 fois 35 décalitres font $35 \times 18 = 630^{Dl}$ ou 6300 litres.

(1)   18 fois 35^{Dl}.   34 fois 8^{Hl}.   75 fois 17^{Hl}.

(2)   25 fois 20^{Hl}.   72 fois 37^{Dl}.   175 fois 10^{Hl}.

(3)   37 fois 60^{Dl}.   67 fois 9^{Hl}.   305 fois 26^{Dl},   etc.

Problèmes.

1. — Un litre de rhum valant 4^f, combien vaudrait le rhum contenu dans un fût d'un double décalitre?

2. — On a acheté un demi-hectolitre de vin de liqueur à 5^f le litre. Combien doit-on ?

3. — Quelle est, en litres, la contenance de 138 boîtes de chacune un demi-décalitre?

4. — Quelle est, en litres, la contenance de 386 sacs de chacun un demi-hectolitre?

5. — Combien vaut un hectolitre de graine de vesce à 4^f le double décalitre?

6. — Combien y a-t-il de litres d'avoine dans 105 sacs qui en contiennent chacun 5 doubles décalitres?

7. — On verse 16 demi-décalitres d'orge dans un sac d'un hectolitre. Combien manque-t-il de litres pour que le sac soit plein?

8. — On verse 24 doubles décalitres d'avoine dans un coffre qui peut contenir 6 hectolitres. Combien faudrait-il encore y verser de litres pour qu'il soit plein ?

9. — Combien reste-t-il de litres de bière dans un fût d'un demi-hectolitre après en avoir tiré un double décalitre et 12 doubles litres ?

10. — Un bassin d'une contenance de 24 hectolitres renferme $6^{Hl}4^{Dl}$ d'eau; on y verse encore 24 demi-hectolitres. Combien après cela contient-il de litres d'eau? Combien de litres manque-t-il pour qu'il soit plein ?

ARITHMÉTIQUE

Remarques sur les zéros.

1er EXEMPLE.

$$
\begin{array}{r}
2\ 3\ 0\ 0 \\
5\ 6\ 0
\end{array}\Big\}\ 3\ \textit{zéros}
$$

$$
\begin{array}{r}
1\ 3\ 8 \\
1\ 1\ 5 \\
\hline
1\ 2\ 8\ 8\ 0\ 0\ 0
\end{array}
$$

3 *zéros*

I. Il n'y a qu'à multiplier 23 par 56.

Mais comme il y a à la droite des 2 facteurs 3 zéros que l'on n'a pas multipliés, on en écrit autant à la droite du produit (*Voir 4e règle, page 60*).

II. On ne multiplie pas par le zéro du multiplicateur, mais le 1er chiffre du produit partiel obtenu avec le 8 du multiplicateur doit être placé exactement sous ce 8, puisque le produit obtenu est des centaines (*Voir 5e règle, page 60*).

2e EXEMPLE.

$$
\begin{array}{r}
5\ 3\ 5 \\
8\ 0\ 6 \\
\hline
3\ 2\ 1\ 0 \\
4\ 2\ 8\ 0 \\
\hline
4\ 3\ 1\ 2\ 1\ 0
\end{array}
$$

QUESTIONNAIRE. — Est-il utile de multiplier les zéros qui sont à la droite des 2 facteurs? — Dans ce cas, combien met-on de zéros à la droite du produit?

Est-il utile de multiplier par les zéros intercalés du multiplicateur? — Où faut-il placer le premier chiffre de chaque produit partiel?

EXERCICES. — I. Effectuer les opérations suivantes :

(*1*) $365 \times 460 =$ (2) $620 \times 570 =$ (*3*) $4200 \times 60 =$
 $5600 \times 3500 =$ $835 \times 1700 =$ $380 \times 570 =$
 $860 \times 400 =$ $670 \times 850 =$ $3050 \times 450 =$

(*4*) $375 \times 406 =$ (*5*) $3840 \times 702 =$ (*6*) $6548 \times 807 =$
 $4572 \times 608 =$ $5630 \times 4009 =$ $1806 \times 609 =$
 $5630 \times 407 =$ $7060 \times 5040 =$ $8570 \times 8050 =$

II. Indiquer et effectuer les opérations suivantes :

(7)	6400 fois 70f.	76 fois 690f.
(8)	2300 fois 480 mètres.	24 fois 3600 secondes.
(9)	360 fois 60 minutes.	308 fois 1440 minutes.
(10)	504 fois 805 secondes.	5070 fois 1080 secondes.
(11)	350 fois 180 secondes.	609 fois 4060 secondes.

Problèmes.

1. — Quelle est la contenance de 640 sacs de chacun 1 hectolitre 5 litres ?

2. — On a compté en moyenne 760 lettres dans une page de livre. Combien a-t-il fallu de lettres pour composer ce livre, qui a 280 pages ?

3. — Dans un are de terre on a récolté 146 litres d'avoine. Combien de litres a-t-on récoltés dans 208 ares ?

4. — Un cultivateur a récolté 180 sacs de blé valant 18f l'un ; ses dépenses s'élevant à 2 750f, quel est son bénéfice ?

5. — Un vigneron a récolté 164 pièces de vin de chacune 209 litres. Il veut garder 6 hectolitres 50 litres pour sa consommation. Combien de litres peut-il vendre ?

6. — Un vigneron a récolté 406 pièces de vin rouge contenant chacune 205 litres et 1 280 litres de vin blanc. Combien a-t-il récolté de litres de vin ?

7. — Un cultivateur a récolté 750 doubles décalitres de blé et autant d'avoine. Combien a-t-il récolté de litres de grain ?

8. — Un brasseur avait en cave 236 tonneaux contenant chacun 109 litres de bière ; il en a vendu 80 tonneaux. Combien de litres de bière lui reste-t-il ?

9. — Quel est le poids total de 870 gerbes de blé pesant chacune 20 kilog., et de 690 gerbes d'avoine pesant chacune 17 kilogrammes ?

10. — Un vigneron a récolté 450 fûts de chacun 180 litres de vin rouge et 106 fûts de chacun 1m75 litres de vin blanc. Combien a-t-il récolté de litres de vin ?

11. — 5 charrettes contiennent chacune 45 sacs de farine pesant 104 kilog. l'un. Quel est le poids total de cette farine ?

12. — Un bassin contient 18hl d'eau. On en puise un double décalitre par minute pendant une heure. Combien reste-t-il de litres ?

SYSTÈME MÉTRIQUE

Mesures de longueur.

L'unité principale des *mesures de longueur* est le **mètre**.

Les *multiples* du mètre sont :

le **décamètre (Dm)**, qui vaut 10 mètres;
l'**hectomètre (Hm)**, qui vaut 100 mètres;
le **kilomètre (Km)**, qui vaut 1000 mètres;
le **myriamètre (Mm)**, qui vaut 10 000 mètres.

Les *sous-multiples* du mètre sont :

le **décimètre (dm)**, qui est 10 fois plus petit que le 'mètre;
le **centimètre (cm)**, qui est 100 fois plus petit que le mètre;
le **millimètre (mm)**, qui est 1 000 fois plus petit que le mètre.

QUESTIONNAIRE. — Quelle est l'unité principale des mesures de longueur? — Citez avec leur valeur les multiples du mètre. — Ses sous-multiples.

EXERCICES ORAUX. — Combien y a-t-il de mètres dans :

1 Dm, 4, 8, 15 Dm.   1 Hm, 2, 7, 12 Hm.
1 Km, 3, 5, 9, 16 Km.   1 Mm, 6, 8, 10 Mm?

Combien y a-t-il de Dm dans un Hm, dans un Km, dans un Mm?
Combien un Km vaut-il d'Hm, un Mm de Km?
Combien y a-t-il de dm dans un mètre, dans 5, 8, 12, 15 mètres?
Combien y a-t-il de cm dans un mètre, dans 4, 12 mètres?
Combien y a-t il de mm dans un mètre, dans 7, 8, 14 mètres?
Combien un dm vaut-il de cm, de mm; un cm de mm?

Myriamètres.	Kilomètres.	Hectomètres.	Décamètres.	Mètres.
4	8	6	5	2

EXERCICES ÉCRITS. — I. Apprendre le tableau ci-contre dans un ordre ascendant et dans un ordre descendant.

II. Les chiffres du tableau ci-contre étant seuls écrits au tableau noir, distinguer les chiffres qui représentent l'unité demandée.

Dans les exercices suivants, les élèves trouveront le résultat mentalement ou bien écriront les nombres au-dessous d'un tableau analogue à celui qui est ci-dessus et rempliront les rangs jusqu'aux mètres avec des zéros. Ils auront le soin de placer, dans les opérations, les mètres sous les mètres, etc.

III. Combien de mètres font :

(1)	28^{Dm}	75^{Dm}	138^{Dm}	54^{Hm}	96^{Hm}	272^{Hm}
(2)	54^{Km}	120^{Km}	480^{Km}	3^{Mm}	39^{Mm}	91^{Mm}
(3)	307^{Dm}	48^{Mm}	40^{Km}	64^{Km}	486^{Dm},	etc.

IV. Combien de mètres font :

(4)	3^{Hm}50^m	4^{Dm}6^m	8^{Km}425^m	6^{Mm}3740^m
(5)	16^{Dm}8^m	15^{Hm}8^m	32^{Km}45^m	8^{Mm}450^m
(6)	8^{Hm}4^{Dm}	6^{Km}2^{Hm}	14^{Km}5^{Dm}	12^{Mm}6^{Hm}20^m, etc.

V. Effectuer les opérations ci-dessous et exprimer le résultat en mètres

(7)   4^D + 75^m + 8^{Hm} 15^{Km} + 375^{Dm} + 8^{Hm} + 5025^m

(8)   1^{Hm}3^m + 36^{Dm} 675^{Dm} + 3^{Km}4^{Hm} + 78^{Hm}

(9)   8^{Hm}48^m — 3^{Hm}25^m 328^{Hm} — 420^{Dm}, etc.

Problèmes.

1. — Que payera-t-on pour un décamètre de soie à 16^f le mètre ?

2. — Que vaut un hectomètre de drap à 12^f le mètre ?

3. — On paye 38^f par mètre pour la construction d'un chemin de fer. A combien revient le kilomètre ?

4. — Que doit-on payer pour 16 décamètres d'étoffe à 16^f le mètre ?

5. — On paye 7^f par mètre pour empierrer une route. Que payera-t-on pour une route de 57 kilomètres ?

6. — D'une pièce de toile de 1^{Hm}6^m on a vendu 64 mètres. Combien de mètres reste-t-il à vendre ?

7. — Un marchand a reçu 3 pièces de toile ; la 1re a 1^{Hm}15^m, la 2e 5^{Dm}8^m et la 3e 75 mètres. Quel est, en mètres, la longueur totale des 3 pièces ?

8. — Un marchand a acheté à raison de 18^f le mètre une pièce de soie de 1^{Hm}3^m et une seconde de 6^{Dm}7^m. Combien doit-il payer ?

9. — Un marchand avait une pièce de velours de 1^{Hm}2^{Dm} ; il en a vendu 78 mètres. Que vaut le reste à 14^f le mètre ?

10. — Un entrepreneur doit construire, à raison de 19^f le mètre, un chemin de 6^{Km}4^{Hm} et un second de 237^{Dm}. Combien doit-il recevoir ?

11. — On a 4 pièces d'étoffe de chacune 4^{Dm}5^m. Quelle en est la valeur, à raison de 17^f le mètre ?

ARITHMÉTIQUE

Preuves de la multiplication.

1ʳᵉ PREUVE. — On recommence l'opération en mettant le multiplicande à la place du multiplicateur et réciproquement. On doit trouver le même produit.

2ᵉ PREUVE PAR 9.

Pour faire la preuve par 9, il faut savoir faire sur les nombres l'opération suivante :

Additionner tous les chiffres du nombre excepté les 9, puis les chiffres du résultat jusqu'à ce que l'on ait obtenu un nombre d'un chiffre. Si ce nombre est 9, on marque 0.

<table>
<tr><td colspan="2">EXEMPLE.</td><td>1° Opérer sur le multiplicande :
4 et 7, 11, et 3, 14; 1 et 4, 5.</td></tr>
<tr><td>4 7 3. . . . . 5</td><td></td><td>2° Sur le multiplicateur : 4 et 3, 7.</td></tr>
<tr><td>4 3. . . . . 7</td><td></td><td>3° Multiplier les 2 résultats l'un par l'autre et opérer sur le produit : 7 fois 5, 35; 3 et 5, 8.</td></tr>
<tr><td>1 4 1 9
1 8 9 2</td><td>8</td><td>4° Opérer sur le grand produit : 2 et 3, 5, et 3, 8.</td></tr>
<tr><td>2 0 3 3 9. . . . . 8</td><td></td><td></td></tr>
</table>

Pour que l'opération soit exacte, il faut que le résultat du produit de la petite multiplication soit égal au résultat du produit de la grande.

EXERCICES. — Effectuer les opérations suivantes et faire la preuve :

(1) $472 \times 48 =$
$685 \times 406 =$
$786 \times 807 =$

(2) $4278 \times 720 =$
$3800 \times 450 =$
$7065 \times 780 =$

(3) $6908 \times 508 =$
$649 \times 740 =$
$3540 \times 970 =$

(4) $269 \times 685 =$
$857 \times 738 =$
$3420 \times 606 =$

(5) $506 \times 228 =$
$1479 \times 1078 =$
$3960 \times 650 =$

(6) $547 \times 1025 =$
$2406 \times 8600 =$
$365 \times 807 =$

Problèmes de revision.

1. — Un domestique gagne 275ᶠ par an. S'il estime sa nourriture 450ᶠ, combien en réalité gagne-t-il par an ?

2. — Un piéton fait 54 hectomètres à l'heure et un cavalier 13 kilomètres. Combien le cavalier fait-il, par heure, de mètres de plus que le piéton ?

3. — Que payera-t-on pour 408ᴴˡ de vin, si l'hectolitre coûte 27ᶠ?

4. — 18 fûts contiennent chacun 2ᴴˡ 15ˡ. Quelle est la contenance totale de ces 18 fûts ?

5. — 16 pièces de toile ont chacune 5 décamètres moins 2 mètres. Quelle est la longueur totale de ces 16 pièces ?

6. — Un ouvrier gagne 1 280ᶠ par an. Que lui reste-t-il s'il dépense 975ᶠ pour son entretien et 120ᶠ pour son loyer ?

7. — 4 personnes se partagent une tonne de 5ᴴˡ 50ˡ de vin : le 1ᵉʳ en prend 8 décalitres, le 2ᵉ 120 litres, le 3ᵉ un hectolitre. Combien en reste-t-il pour le 4ᵉ ?

8. — Un bicycliste parcourt 16ᴷᵐ par heure. Quelle distance peut-il parcourir en 18 heures : 1° en Km., 2° en Hm., 3° en mètres ?

9. — Un employé a versé 17ᶠ par mois pendant un an à la caisse d'épargne. Il a retiré 120ᶠ à la fin de l'année. Quelle somme lui restait-il encore ?

10. — On a placé dans une salle une table de 86ᶠ, 12 chaises de 4ᶠ chacune et un buffet de 185ᶠ. A combien reviennent ces meubles ?

11. — Un train a 17 wagons de 3ᵉ classe. Chaque wagon comprend 5 compartiments de 10 places chacun. Combien ce train peut-il contenir de voyageurs de 3ᵉ classe ?

12. — Un maquignon a acheté 26 chevaux à raison de 350ᶠ chacun. Il donne comptant 5 billets de 1 000ᶠ et 6 billets de 100ᶠ. Combien redoit-il?

13. — Un ménage consomme par an 10 stères de bois à 13ᶠ le stère et trois cents fagots à 15ᶠ le 100. Quelle est sa dépense de chauffage ?

14. — Il faut par an pour le chauffage d'un ménage 7 stères de bois à 14ᶠ la stère ou 18 hectolitres de houille à 4ᶠ l'hectolitre. De quel côté y a-t-il avantage et de combien ?

15. — Un fermier a emporté 1 200ᶠ à la foire ; il a acheté un cheval pour 375ᶠ et 26 moutons à 18ᶠ l'un. Que lui reste-t-il ?

16. — Un marchand a acheté 108 moutons à 18ᶠ l'un ; il en a perdu 4 et revendu les autres 23ᶠ la pièce. Combien a-t-il gagné ?

ARITHMÉTIQUE
Résumé-revision.

1re RÈGLE. — La multiplication de deux nombres d'un chiffre se fait mentalement au moyen de la table de multiplication.

2e RÈGLE. — Pour multiplier un nombre de plusieurs chiffres par un nombre d'un chiffre, on multiplie par ce chiffre les unités, puis les dizaines, puis les centaines, etc., du multiplicande, et on ajoute à chaque fois la retenue du produit précédent, s'il y a lieu.

3e RÈGLE. — Pour multiplier un nombre quelconque par un nombre de plusieurs chiffres, on multiplie le multiplicande par les unités du multiplicateur, puis par les dizaines, puis par les centaines. On obtient ainsi des produits partiels qu'on additionne.

4e RÈGLE. — Lorsque les facteurs sont terminés à droite par des zéros, on néglige ces zéros, mais on en met à la droite du produit autant qu'on en a négligé à la droite des facteurs.

5e RÈGLE. — On ne multiplie pas par les zéros du multiplicateur placés entre d'autres chiffres, mais on a soin de placer le 1er chiffre de chaque produit partiel sous le chiffre du multiplicateur par lequel on multiplie.

QUESTIONNAIRE. — Comment se fait la multiplication de deux nombres d'un chiffre? — Comment fait-on pour multiplier un nombre de plusieurs chiffres par un nombre d'un chiffre? — Comment fait-on pour multiplier un nombre quelconque par un nombre de plusieurs chiffres? — Que fait-on lorsque les facteurs sont terminés à droite par des zéros? lorsque le multiplicateur contient des zéros placés entre d'autres chiffres?

EXERCICES. — Effectuer les opérations suivantes et en faire la preuve.

(1) $3649 \times 886 =$	(2) $1860 \times 391 =$	(3) $7540 \times 750 =$
$5608 \times 4050 =$	$3590 \times 580 =$	$6078 \times 1008 =$
$7068 \times 407 =$	$7850 \times 608 =$	$37605 \times 4007 =$
$5607 \times 4540 =$	$6580 \times 706 =$	$40560 \times 6008 =$

Problèmes de revision.

1. — Deux cousins ont à se partager une somme de 4 920^f. L'un a 2 095^f. Quelle est la part de l'autre ?

2. — Quel est, à 1^f le litre, le prix de 3 pièces de chacune 228 litres de vin de Bourgogne ?

3. — Un homme a vendu un bœuf pour 456^f avec une perte de 24^f. Combien l'avait-il acheté ?

4. — On construit une route de 5 684 mètres. 38 hectomètres sont construits. Combien reste-t-il de mètres à faire ?

5. — Une route a été construite en 2 tronçons, l'un de 3^{Km} 8^{Hm}, l'autre de 47^{Dm}. Quelle est, en mètres, la longueur de cette route ?

6. — Quel est le prix de 8 décamètres 5 mètres de drap à 18^f le mètre ?

7. Deux frères voudraient acheter une moissonneuse pour 650^f. L'un a 378^f et l'autre 187^f. Combien leur manque-t-il ?

8. — Deux cultivateurs voisins voudraient acheter un semoir pour 1 040^f. L'un a 516^f, l'autre 187^f de moins. Combien leur manque-t-il ?

9. — Une fontaine donne 28 litres d'eau par minute. Combien de litres donne-t-elle par jour ?

10. — Un train part à 8 heures du matin et fait 38 kilomètres à l'heure. Quelle distance aura-t-il parcourue à 8 heures du soir ?

11. — Un employé gagne 8^f par jour et dépense 6^f. Quelle économie fera-t-il pendant le 1er trimestre d'une année ordinaire ?

12. — Je dois 3 000^f. Si je donne 48^f par semaine pendant un an, combien devrai-je encore ?

13. — Un marchand a vendu 178 mètres de drap à 16^f le mètre. Avec l'argent, il a acheté le même nombre de mètres d'un autre drap qu'il a payé 12^f le mètre. Combien lui reste-t-il ?

14. — Quel est le revenu annuel d'une personne, sachant qu'il lui manque 54^f pour pouvoir dépenser 6^f par jour ?

15. — Une personne qui travaille 25 jours par mois gagne 4^f par jour et dépense 3^f. Combien lui reste-t-il au bout d'un mois de 30 jours ?

16. — Un train se compose de 18 voitures : 4 à 20 places et le reste à 40 places. Combien ce train peut-il emporter de voyageurs ?

17. — Une personne a laissé en mourant 108 hectares de terre estimée 4 000^f l'hectare, 35 hectares de pré estimé 3 450^f l'hectare, et une maison estimée 6 000^f. Quelle était la fortune de cette personne ?

SYSTÈME MÉTRIQUE

Mesures effectives de longueur.

Les mesures effectives de longueur sont le **millimètre**, le **centimètre**, qui sont marqués sur des mesures plus grandes, le **décimètre**, le **double décimètre**, le **demi-mètre**, le **mètre**, le **double mètre** (2^m), le **demi-décamètre** (5^m), le **décamètre** (10^m).

Les mesures le plus souvent employées sont le **double décimètre**, le **mètre**, le **décamètre**.

Le **double décimètre**, divisé en centimètres et en millimètres, sert surtout aux dessinateurs.

Le **mètre** est employé pour les longueurs moyennes. Il est généralement brisé, à divisions d'un décimètre.

Le **décamètre** ou **chaîne d'arpenteur** est employé pour les grandes longueurs.

Mesures itinéraires. — L'*hectomètre*, le *kilomètre*, le *myriamètre* (qui n'existent pas comme objets) servent à marquer les distances sur les routes, sur les canaux, sur les chemins de fer.

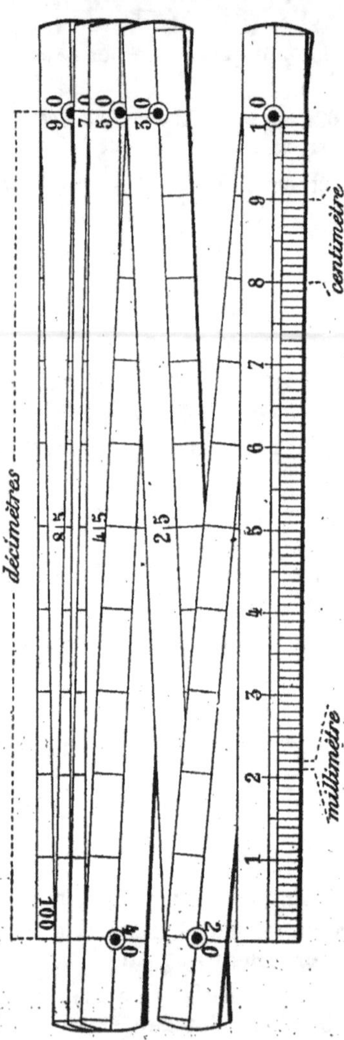

double décimètre, du mètre, du décamètre. — A quoi servent l'hectom., le kilom., le myriam.?

EXERCICES PRATIQUES. — Apprendre à lire les longueurs sur le double décimètre, sur le mètre, sur le décamètre.

Apprendre à mesurer des distances avec ces trois mesures.

EXERCICES ORAUX. — Combien faut-il de demi-mètres pour faire 1, 2, 4, 6 m., un décamètre? — De doubles décimètres pour faire 1 m., 3, 4, 5, 8 m., 1 Dm? — De doubles mètres pour faire un Dm, un Hm? — De demi-décamètres pour faire un Dm, un Hm?

EXERCICES ÉCRITS. — Exprimer le résultat des opérations suivantes :

Ex. : 75 fois 15 Dm font 15 Dm × 75 = 1125 Dm ou 11250 mètres.

(1)   34 fois 145 Dm. (en mètres)   135 fois 8 Hm. (en Dm)
(2) 728 fois 48 Km.   id.   248 fois 17 Km. (en Hm)
(3) 279 fois 36 Hm.   id.   85 fois 18 Mm. (en Km)
(4) 865 fois 543 Dm.   id.   328 fois 6 Km. (en Dm)

Problèmes.

1. — De Paris à Lyon par le chemin de fer, il y a 512 Km.; de Lyon à Marseille 351 Km. Combien y a-t-il de Paris à Marseille : 1° en kilomètres; 2° en mètres?

2. — De Lyon à Calais par Paris, en chemin de fer, il y a 809 Km. De Lyon à Paris il y a 512 Km. Combien y a-t-il de Paris à Calais : 1° en kilomètres; 2° en décamètres?

3. — On a établi 8 fils télégraphiques le long d'une ligne de chemin de fer de 109 Km. Combien a-t-il fallu de mètres de fil de fer?

4. — Une pièce de soie a 6 décamètres. 12 mètres se trouvant endommagés, quelle est la valeur du reste à raison de 9f le mètre?

5. — Un marchand a vendu un coupon de 6m de drap et une pièce de 7Dm2m à raison de 17f le mètre. Combien a-t-il dû recevoir?

6. — Une pièce de drap mesure 3Dm5m ; une seconde pièce a 17 mètres de plus que la 1re. Quelle est la valeur des 2 pièces à 16f le mètre?

7. — Une pièce de velours a 4Dm ; une seconde a 1Dm3m de moins que la 1re. Quelle est la valeur des 2 pièces à raison de 10f le mètre?

8. — Un marchand a acheté 3 pièces de drap de chacune 57 mètres et 4 pièces de velours de chacune 3Dm et demi au même prix que le drap. Combien doit-il à raison de 8f le mètre?

ARITHMÉTIQUE-SYSTÈME MÉTRIQUE

Revision.

EXERCICES. — Effectuer les opérations suivantes et exprimer les résultats en litres ou en mètres :

(*1*) $15^{Dm} + 579^{m} + 1^{Hm}$
$182^{Dm} - 372^{m}$
56 fois 87^{Dm}

(2) $38^{Hl} - 47^{Dl}$
$491^{l} + 38^{Dl} + 76^{l} + 18^{Hl}$
837 fois 19^{Hl}

(*3*) $47^{Dl} + 16^{Hl} + 735^{l} + 4^{Dl}$
487 fois 84^{Dl}
$73^{Hl} - 837^{l}$

(4) $6^{Km} + 47^{Hm} + 8^{Mm} + 376^{Dm} + 9^{m}$
$75^{Mm} - 346^{Hm}$
639 fois 7^{Km}

(*5*) 906 fois 70^{Dm}
$3847^{m} + 743^{Dm} + 9^{Hm} + 16^{Km}$
$480^{Km} - 2743^{Dm}$

(6) $158^{Hl} - 7390^{l}$
309 fois 705^{Dl}
$196^{Dl} + 85^{Hl} + 3291^{l} + 734^{Dl}$

Problèmes.

1. — Il me manque 375ᶠ pour acheter une maison de 1 500ᶠ. Combien ai-je ?

2. — Si j'avais acheté un cheval pour 850ᶠ, il me resterait 190ᶠ. Combien ai-je ?

3. — Un pré de 348 ares est estimé 36ᶠ l'are. Quelle en est la valeur ?

4. — Quelle est la valeur de 58 hectolitres de vin à 8ᶠ le décalitre ?

5. — On a mis dans un tonneau 2ᴴˡ8 litres de vin et 4 décalitres d'eau. Il s'en faut de 15 litres que le tonneau soit plein. Quelle est sa capacité ?

6. — On voudrait mettre 2ᴴˡ 4ᴰˡ de vin dans un tonneau, mais le fût plein, il reste 1ᴰˡ et demi. Combien le tonneau contient-il de litres ?

7. — Un cheval consomme 38 décalitres d'avoine par mois. Combien consommera-t-il de litres par an ?

8. — Un cantonnier peut réparer 2 décamètres et demi de route par jour. Quelle longueur peut-il réparer en 25 jours ?

9. — Il y a dans un porte-monnaie 47ᶠ en argent et 75 centimes en bronze. Combien pèse cette somme?

10. — 9 ouvriers ont fait un travail en 18 jours. Combien leur doit-on à raison de 4ᶠ par jour?

11. — Pour faire un vêtement, on a employé 4 mètres d'étoffe à 13ᶠ le mètre. Si la façon revient à 28ᶠ et les fournitures à 5ᶠ, combien coûte le vêtement?

12. — Un cultivateur a acheté une moissonneuse-lieuse pour 890ᶠ. Pour s'acquitter, il a vendu 48 hectolitres de blé à 16ᶠ l'hectolitre. Combien lui manque-t-il encore?

13. — Une famille est composée de 6 personnes. Chaque personne mange 4 kilog. de pain par semaine. Combien lui faut-il de kilog. de pain par an?

14. — Combien 18 heures 50 minutes font-elles de minutes?

15. — Un cordonnier a fait venir 36 paires de bottines pour 540ᶠ. Il a payé 2ᶠ de port, et il a revendu les bottines 18ᶠ la paire. Quel est son bénéfice?

16. — Un vigneron a vendu 84 hectolitres de vin rouge à 27ᶠ l'hectolitre, et la même quantité de vin blanc à 36ᶠ l'hectolitre. Combien a-t-il reçu?

17. — Une personne dépense 2ᶠ à son déjeuner et 3ᶠ à son dîner. Combien dépense-t-elle ainsi : 1° par semaine; 2° par an?

18. — Pour peser un objet, on a mis sur le plateau d'une balance 18 pièces de 1ᶠ et 15 pièces de 10 centimes. Combien cet objet pèse-t-il de grammes?

19. — Combien y a-t-il de secondes dans un jour et 5 heures?

20. — Pour payer un achat de 17 moutons à 24ᶠ l'un, un boucher a donné 3 billets de 100ᶠ et 6 pièces de 20ᶠ. Combien doit-on lui rendre?

21. — Un élève coûte à ses parents : 1° 45ᶠ par mois pendant 10 mois; 2° un voyage de 3ᶠ par mois pendant le même temps; 3° 168ᶠ d'entretien. Combien coûte-t-il à ses parents pendant ses 10 mois de pension?

22. — Compléter la facture suivante :

Doit M. X..., négociant à B....

35 hectolitres d'orge à 10ᶠ l'hectolitre. . .	. . . . .
109 hectolitres de blé à 16ᶠ l'hectolitre. . .	. . . . .
96 hectolitres d'avoine à 8ᶠ l'hectolitre . .	. . . . .
58 quintaux de foin à 4ᶠ le quintal.	. . . . .
Total.	. . . . .

ARITHMÉTIQUE

Division.

Un papa a donné 12 sous à ses 4 enfants. Combien chaque enfant a-t-il eu de sous?

Chaque enfant a eu un nombre de sous 4 fois moins fort que 12, c'est-à-dire 3 sous.

Le nombre à partager ou à diviser s'appelle **dividende** : 12.
Le nombre de parts ou le nombre par lequel on divise s'appelle **diviseur** : 4.
Le résultat s'appelle **quotient** : 3.

Un porte-plume coûte 4 sous. Combien aurait-on de porte-plumes pour 12 sous?

On aurait autant de porte-plumes qu'il y a de fois 4 sous dans 12 sous, c'est-à-dire 3 porte-plumes.

Dans les deux cas, l'opération est la même et le résultat aussi.

La **division** est une opération qui a pour but de chercher combien de fois un nombre appelé *diviseur* est contenu dans un nombre appelé *dividende*.
Le résultat s'appelle *quotient*.

Les divisions précédentes s'écrivent :

$$\begin{matrix} dividende \\ diviseur \end{matrix} \quad \frac{12}{4} = 3 \; quotient \quad \text{ou} \quad 12 : 4 = \mathbf{3,}$$

c'est-à-dire :   12 *divisé par 4 égale 3.*

Voir 1ʳᵉ RÈGLE, page 90.

QUESTIONNAIRE. — Comment s'appelle le nombre à partager ou à diviser?
— Comment s'appelle le nombre de parts ou le nombre par lequel on divise?
— Comment s'appelle le résultat? — Qu'est-ce que la division?

5.

EXERCICES. — I. Indiquer le résultat des opérations suivantes :

(1)	12 : 2 =	18 : 9 =	15 : 5 =	36 : 4 =	48 : 6 =
(2)	15 : 3 =	21 : 7 =	64 : 8 =	24 : 6 =	54 : 9 =
(3)	24 : 4 =	56 : 8 =	18 : 2 =	35 : 7 =	40 : 5 =
(4)	24 : 8 =	18 : 6 =	16 : 4 =	45 : 5 =	81 : 9 =
(5)	27 : 9 =	18 : 3 =	48 : 8 =	42 : 6 =	63 : 7 =
(6)	36 : 9 =	49 : 7 =	30 : 5 =	27 : 3 =	72 : 8 =

II. Indiquer avec le résultat les opérations ci-dessous :

1° Partager 18 sous en 3 parts, 24 billes en 6 parts, 35 dragées en 7 parts, etc.;
2° Quel est le nombre 6 fois moins fort que 30^f, le nombre 8 fois moins fort que 40 mètres, le nombre 7 fois moins fort que 56 litres, etc. ?
Combien y a-t-il de fois 5^f dans 20^f, de fois 4 litres dans 32 litres, etc.?

Problèmes d'initiation.

1er EXEMPLE (*un quotient*) : 4 frères ont 32 dragées à se partager. Quelle est la part de chacun?

La part de chacun est de 32^d : 4 = 8 dragées.

1. — 3 frères ont reçu 24 noisettes à se partager également. Quelle est la part de chacun?
2. — On a un pré de 40 ares que l'on veut diviser en 5 portions égales. Quelle sera la grandeur de chaque portion ?
3. — 4 voisins ont reçu une caisse de 20 bouteilles de vin de Madère. Combien chacun en aura-t-il?

2e EXEMPLE (*somme et quotient ou réciproquement*) : J'ai acheté 3 kilog. de café, puis 4 kilog., puis 2 kilog. J'ai donné 36^f pour le tout. A combien me revient un kilog.?

J'ai acheté 3^{Kg} + 4^{Kg} + 2^{Kg} = 9 kilog.
Un kilog. me revient à 36^f : 9 = 4^f.

4. — 8 litres de liqueur ont coûté 40^f d'achat, 4^f de droits et 4^f de transport. A combien revient le litre?
5. — Pierre a gagné 5^f lundi, 3^f mardi, 6^f mercredi, 2^f jeudi, 5^f vendredi et 3^f samedi. Combien a-t-il gagné par jour en moyenne?
6. — J'ai acheté 7 mètres de drap pour 56^f. Combien faut-il que je revende le mètre pour gagner 2^f par mètre ?
7. — On a donné 18^f à une ouvrière pour la confection d'une demi-douzaine de bonnets. A combien revient un bonnet, sachant que pour chacun l'étoffe a coûté 2^f et la garniture 6^f ?
8. — Un débitant a acheté 5 litres de cognac pour 12^f. Il a eu 3^f de frais. Combien doit-il revendre le litre s'il veut gagner 2^f par litre.

ARITHMÉTIQUE

Le diviseur et le quotient n'ont qu'un chiffre avec reste.

Diviser un nombre par 2, 3, 4, 5, 6, 7, 8, 9, cela s'appelle en prendre la moitié, le tiers, le quart, le cinquième, le sixième, le septième, le huitième, le neuvième.

Partager 25 bons points entre 4 élèves. Chaque élève en aura 6, mais il en restera 1. Il ne peut pas en rester 4 ni plus de 4, car chaque élève en aurait plus de 6. Le montrer.

Le reste ne peut être ni égal ni supérieur au diviseur.
Si cela a lieu, c'est que le chiffre du quotient est trop petit.

	dividende	*diviseur*
	2 5	4
reste	1	6
		quotient

La division ci-contre se pose et se fait ainsi :

En 25, combien de fois 4? 6 fois.

Pour connaître le reste, on multiplie le diviseur par le quotient et l'on retranche le produit du dividende.

On dit donc ensuite : 6 fois 4, 24; ôté de 25, reste 1.

Lorsque la soustraction ne peut se faire, c'est que le chiffre du quotient est trop fort.

QUESTIONNAIRE. — Diviser un nombre par 2, 3, 4, etc., comment cela s'appelle-t-il? — Le reste peut-il être égal ou supérieur au diviseur? — Si cela a lieu, qu'est-ce que cela indique? — Comment fait-on pour connaître le reste d'une division? — Lorsque la soustraction ne peut se faire, qu'est-ce que cela indique?

EXERCICES. — I. Effectuer les opérations ci-dessous :

(1) 42 : 8	33 : 6	41 : 7	38 : 6	52 : 9	38 : 5
(2) 57 : 9	36 : 8	27 : 7	24 : 5	27 : 4	17 : 3
(3) 48 : 7	56 : 9	58 : 6	70 : 8	80 : 9	40 : 7
(4) 26 : 3	17 : 4	44 : 8	35 : 9	58 : 8	29 : 6
(5) 65 : 8	55 : 7	47 : 6	61 : 9	33 : 5	35 : 4

II. Prendre la moitié de 9 poires, le tiers de 26^f, le quart de 30 litres, le cinquième de 37 mètres, le sixième de 33 pommes. le septième de 38 noix, le huitième de 58 noisettes, le neuvième de 82 amandes. (Indiquer les restes.)

Problèmes d'initiation.

1er EXEMPLE (*un quotient*) : **5 poulets coûtent 15^f. Que coûte un poulet?**

    Si 5 poulets coûtent 15^f,
    1 poulet coûte 5 fois moins ou 15^f : 5 = 3^f.

1. — 6 chevreaux coûtant 30^f, combien coûte un chevreau ?

2. — Un ouvrier a gagné 48^f en 8 jours. Combien a-t-il gagné par jour ?

3. — Un boucher a gagné 54^f sur 6 veaux. Combien a-t-il gagné sur un veau ?

4. — 7 bonbonnes de même grandeur contiennent 35 litres d'huile. Combien une bonbonne contient-elle de litres ?

5. — 9 coupons d'étoffe de même longueur ont ensemble 54 mètres. Quelle est la longueur d'un coupon ?

2e EXEMPLE (*quotient et différence ou réciproquement*) : **Un débitant a vendu 5 litres de cognac pour 27^f. Sachant qu'il a gagné 7^f sur ce marché, combien lui coûtait le litre?**

    Les 5 litres lui coûtaient 27^f — 7^f = 20^f.
    Un litre lui coûtait 20^f : 5 = 4^f.

6. — Une caisse de poivre de 10 kilog. a coûté 32^f. Si la caisse seule pèse 2 kilog., combien coûte un kilog. de poivre ?

7. — Une ménagère a acheté 8 poulets pour 18^f. Elle en a perdu 2. A combien lui revient chaque poulet restant?

8. — Un marchand a vendu 8 mètres de drap pour 72^f. Il a gagné 2^f par mètre. Combien lui coûtait le mètre ?

9. — J'ai vendu une demi-douzaine de vases pour 54^f. Combien ai-je gagné sur un vase, s'ils me coûtaient 7^f la pièce ?

10. — J'ai vendu, pour 52^f, 6 hectolitres d'avoine avec un bénéfice de 4^f. Combien me coûtait l'hectolitre?

11. — Un négociant a vendu 7 mètres de soie pour 44^f. Il a eu 2^f de frais. Combien avait-il payé le mètre, s'il a fait un bénéfice de 1^f par mètre?

SYSTÈME MÉTRIQUE
Mesures de poids.

L'unité principale des *mesures de poids* est le **gramme**.
Les *multiples* du gramme sont :

Le gramme.

le **décagramme (Dg)**, qui vaut *10 gr.* ;
l'**hectogramme (Hg)**, qui vaut *100 gr.* ;
le **kilogramme (Kg)**, qui vaut *1 000 gr.* ;
le **myriagramme (Mg)**, qui vaut *10 000 gr.* ou *10 kilog.*

Il faut ajouter :
le **quintal (q)**, qui vaut *100 kilog.* ;
la **tonne (t)**, qui vaut *1 000 kilog.*

Les *sous-multiples* du gramme sont :

le **décigramme (dg)**, qui pèse 10 fois moins que le gr. ;
le **centigramme (cg)**, qui pèse 100 fois moins que le gr. ;
le **milligramme (mg)**, qui pèse 1 000 fois moins que le gr.

QUESTIONNAIRE. — Quelle est l'unité principale des mesures de poids ? — Citez avec leur valeur les multiples du gramme. — Quels poids emploie-t-on encore ? — Citez avec leur valeur les sous-multiples du gramme.

EXERCICES ORAUX. — Combien de kilog. valent : 1 Mg, 2, 5, 7, 12 Mg ? 1 quintal, 4, 6, 8, 15 quintaux ? 1 tonne, 3, 4, 9, 13 tonnes ?

Combien de grammes valent : 1 Dg, 6 Dg ? 1 Hg, 8, 15 Hg ? 1 Kg, 6, 9 Kg ?

Combien y a-t-il : de quintaux dans une tonne ? de myriag. dans une tonne, dans un quintal ? d'hectog. dans un Kg, un Mg ? de décag. dans un Hg, un Kg ?

EXERCICES ÉCRITS. — I. Apprendre le tableau ci-contre : 1º en croissant ; 2º en décroissant.

II. Les chiffres du tableau ci-contre étant seuls écrits au tableau noir, distinguer les chiffres qui représentent l'unité demandée.

III. Combien de Kg font :

Tonne.	Quintal.	Myriagramme.	Kilogramme.	Hectogramme.	Décagramme.	Gramme.
3	6	5	1	4	8	7

(1) 8q   36q   72q   186q

(2) 3t   15t   26t   57t   6Mg   17Mg   37Mg   238Mg

(3) 2q6Mg   3t8q   7t5q   17q5Mg   1t3q4Mg   3t6Mg   etc.

Combien de grammes font :

4) 6^{Kg} 9^{Kg} 12^{Kg} 38^{Kg} 125^{Kg}

(5) 3^{Hg} 15^{Hg} 36^{Hg} 4^{Dg} 9^{Dg} 27^{Dg} $1^{Kg}6^{Hg}$ $8^{Kg}4^{Dg}$ etc.

IV. Effectuer les opérations suivantes et exprimer les résultats en Kg. :

(6) $60^{Kg} + 35^{Mg} + 3^{q} + 2^{t}4^{q} =$ 78 fois $45^{q} =$

(7) $38^{q} - 796^{Kg} =$ $35^{q} : 7 =$ etc.

V. Effectuer les opérations suivantes et exprimer les résultats en grammes :

(8) $3875^{g} + 6^{Kg} + 43^{Hg} + 5^{Dg} =$ 172 fois $39^{Dg} =$

(9) $71^{Kg} - 15785^{g} =$ $40^{Kg} : 5 =$

Problèmes d'initiation.

1ᵉʳ EXEMPLE : Une oie coûte 6ᶠ. Combien peut-on en avoir pour 30ᶠ?

On peut en avoir autant que 6ᶠ sont contenus de fois dans 30ᶠ,
ou 30ᶠ : 6 = 5 oies.

1. — Combien doit-on verser de seaux d'eau de 8 litres dans un baquet de 48 litres?

2. — Dans une pièce d'étoffe de 44 mètres, combien pourrait-on faire de coupons de 6 mètres?

3. — Combien faut-il de pièces de 5ᶠ pour faire 45ᶠ?

4. — Un mètre de drap coûte 7ᶠ. Combien en aurait-on pour 50ᶠ?

2ᵉ EXEMPLE (*quotient et produit ou réciproquement*) : **5 bidons contiennent 40 litres. Combien contiennent 9 bidons de même grandeur?**

SOLUTION ⎧ *5 bidons contiennent 40 litres.*
DE LA RÈGLE ⎨ *1 bidon contient 5 fois moins ou 40ˡ : 5 = 8ˡ.*
DE TROIS. ⎩ *9 bidons contiennent 9 fois 8ˡ ou 8ˡ × 9 = 72ˡ.*

5. — 5 mètres de drap valent 40ᶠ. Combien valent 8 mètres?

6. — Un ouvrier fait 12 mètres d'ouvrage en 4 jours. Combien ferait-il de mètres en une semaine de 6 jours?

7. — Un apprenti devait gagner 48ᶠ en 6 mois. Il n'est resté que 4 mois. Combien a-t-il gagné?

8. — 4 sœurs ont vendu 8 paires de poulets à 5ᶠ la paire. Combien revient-il à chacune?

9. — 3 kilog. d'une marchandise coûtent 15ᶠ. Combien aurait-on de kilog. pour 35ᶠ? (Ce problème renferme de préférence 2 quotients.)

10. — Un ouvrier fait 20 mètres d'ouvrage en 5 heures. Combien lui faudrait-il d'heures pour en faire 36 mètres?

ARITHMÉTIQUE

Le diviseur a un chiffre, le quotient plusieurs.

DÉMONSTRATION. — Pour partager en *trois* parts 639 bûchettes, on partage les centaines, les dizaines, puis les unités, ou réciproquement.

Pour partager en *trois* parts 138 bûchettes, il faut, pour tenir compte des restes, commencer le partage par la centaine que l'on transforme en 10 dizaines.

La démonstration peut être faite avec des bûchettes et des paquets

EXEMPLE.

1ᵉʳ dividende partiel :

$$\widetilde{1\ 5}\ 8\ 5\ \big|\ 6$$

2ᵉ dividende partiel : 3 8 $\big|$ 2 6 4

3ᵉ dividende partiel : 2 5

reste : 1

Dans l'exemple, on doit diviser par 6 les mille, puis les centaines, puis les dizaines, et enfin les unités.

La division par un nombre d'un chiffre se compose de plusieurs divisions simples qui donnent chacune un chiffre au quotient.

1° **Division des centaines** : *Le mille ne pouvant se partager en 6, on commence par 15 centaines : 15ᶜ : 6 donne 2ᶜ et pour reste 3ᶜ.*

2° **Division des dizaines** : *3 centaines qui restent et 8 dizaines que l'on abaisse font 38 dizaines : 38ᵈ : 6 donne 6ᵈ et pour reste 2ᵈ.*

3° **Division des unités** : *2 dizaines qui restent et 5 unités que l'on abaisse font 25 unités : 25ᵘ : 6 donne 4ᵘ et pour reste 1ᵘ.*

Les nombres 15, 38, 25 sont appelés *dividendes partiels.*

REMARQUE. — Lorsque l'un des dividendes partiels est plus petit que le diviseur, on met un 0 au quotient et l'on continue la division.

QUESTIONNAIRE. — Dans l'exemple ci-dessus, que doit-on diviser par 6 ? — De quoi se compose la division par un nombre d'un chiffre ? — Que donne au quotient chaque division simple ? — Citez ces divisions pour l'exemple donné. — Comment sont appelés les nombres 15, 38, 25 ? — Que fait-on lorsque l'un des dividendes partiels est plus petit que le diviseur ?

EXERCICES. — Effectuer les divisions suivantes :

(1)	89 : 4	64 : 5	81 : 7	96 : 8
(2)	132 : 6	167 : 9	195 : 3	205 : 5
(3)	326 : 4	450 : 8	652 : 6	894 : 7
(4)	768 : 3	876 : 9	1224 : 3	5672 : 8
(5)	9851 : 7	18510 : 9	3542 : 6	1894 : 5
(6)	3123 : 4	12461 : 7	64637 : 8	63372 : 9, etc.

Problèmes.

1. — 8 moutons coûtent 192^f. Quel est le prix d'un mouton ?

2. — 5 frères et sœurs se partagent une somme de 1 285^f. Quelle est la part de chacun ?

3. — Quel est, en kilog., le quart de 52 quintaux ?

4. — Un seau contient 8 litres. Combien faudrait-il faire de voyages pour remplir une cuve de 1 000 litres ?

5. — Un employé gagne 525^f par trimestre. Combien gagne-t-il par mois ?

6. — On a une somme de 800^f en pièces de 5^f. Combien y a-t-il de pièces ?

7. — Un ouvrier gagne 840^f dans un semestre. Combien gagne-t-il par mois ?

8. — 4 personnes se partagent une somme de 1 440^f. L'une d'elles en a le tiers. Quelle est la part des trois autres ?

9. — 9 hectolitres de blé ont coûté 132^f d'achat et 3^f de transport. A combien revient un hectolitre ?

10. — 7 quintaux d'une marchandise ont coûté 546^f. Combien coûte un quintal ? Combien coûteraient 9 quintaux ?

11. — Quel est le prix de 8 chevaux de même valeur, si on en a acheté 6 pour 2700^f ?

12. — Un horloger a acheté 5 montres pour 750^f. Combien doit-il revendre la montre s'il veut gagner 32^f sur chacune ?

13. — Un horloger a vendu 9 montres pour 675^f. Il a ainsi gagné 18^f par montre. Combien les avait-il achetées la pièce ?

14. — On a acheté une paire de bœufs pour 900^f. Combien payerait-on pour 8 bœufs de même valeur ?

15. — 6 tonnes de houille coûtent 168^f. Combien payerait-on pour 68 tonnes ?

SYSTÈME MÉTRIQUE

Mesures effectives de poids.

5 décigrammes
(Poids en lamelle).

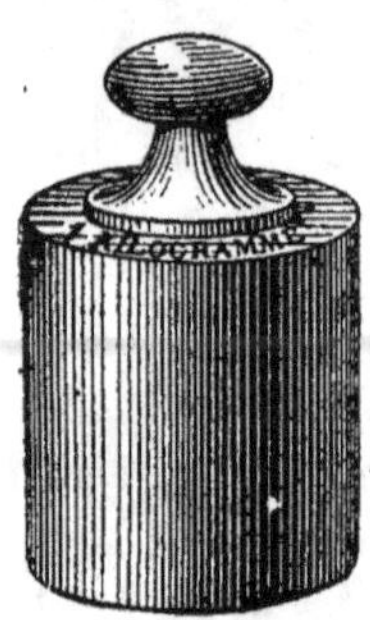

1 kilogramme
(Poids cylindrique en cuivre).

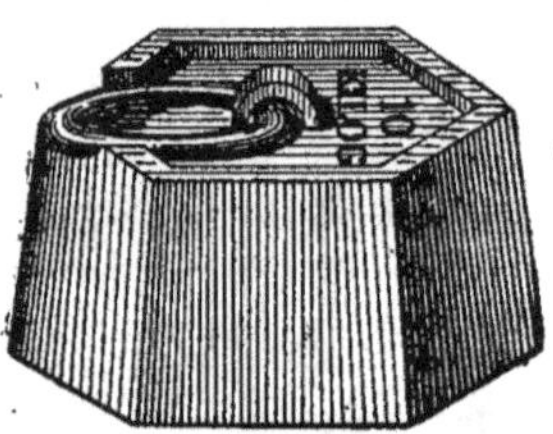

10 kilogrammes
(Poids en fonte).

Outre le gramme, ses multiples et ses sous-multiples, on fait usage des doubles et des moitiés de ces mesures.

Du milligramme au gramme non compris, les poids sont formés de *lamelles de cuivre.*

Du gramme au kilog. les poids sont *en cuivre*, cylindriques et surmontés d'un bouton.

On les désigne par le nombre de grammes qu'ils valent : 1 gr., 2 gr. ou double gr., 5 gr. ou demi-décagr., 10 gr. ou décag., 20 gr. ou double décagr., 50 gr. ou demi-hectogr., 100 gr. ou hectogr., 200 gr. ou double hectogr., 500 gr. ou demi-kilogr., 1000 gr. ou kilogr.

Du demi-hectog. au myriag. ils sont *en fonte,* à 6 pans, et surmontés d'une boucle. On les emploie surtout en prenant le kilog. pour unité.

Les poids de 20 kilog. et de 50 kilog. sont peu usités.

Le *quintal* et la *tonne* n'existent pas comme objets.

QUESTIONNAIRE. — De quels poids fait-on usage, outre le gramme, ses multiples et ses sous-multiples? — Comment sont les poids, du milligramme au gramme non compris? — Du gramme au kilog.? — Comment les désigne-t-on? — Citez ces poids. — Comment sont les poids du demi-hectog. au myriag.? — Citez ces poids. — Citez deux poids peu usités; deux poids qui n'existent pas comme objets.

EXERCICES PRATIQUES. — Faire distinguer les poids que l'on a en sa possession. En faire distinguer la valeur proportionnelle. Ex. : Il faut 5 poids de 2 gr. pour valoir le poids de 10 gr., etc.

EXERCICES ÉCRITS. — Effectuer les opérations suivantes. Les nombres exprimant des poids du premier exercice seront d'abord transformés en kilog.; ceux du deuxième en grammes.

I.

(1) $8^t : 5 = \ldots$ Kg $\qquad$ $38^q : 7 = \ldots$ Kg $\qquad$ $376^{Mg} : 4 = \ldots$ Kg

(2) $45^t : 8 = \ldots$ Kg $\qquad$ $485^{Mg} : 2 = \ldots$ Kg $\qquad$ $185^q : 6 = \ldots$ Kg

(3) $425^{Mg} \times 35 = \ldots$ Kg $\qquad$ $735^q \times 76 = \ldots$ Kg $\qquad$ $57^t \times 108 = \ldots$ Kg

(4) $58^t + 47^q + 725^{Mg} = \ldots$ Kg $\qquad$ $956^q - 67^t = \ldots$ Kg

II.

(5) $6^{Kg} : 5 = \ldots$ g $\qquad$ $706^{Hg} : 3 = \ldots$ g $\qquad$ $386^{Dg} : 7 = \ldots$ g

(6) $582^{Kg} : 8 = \ldots$ g $\qquad$ $162^{Hg} : 9 = \ldots$ g $\qquad$ $786^{Dg} : 2 = \ldots$ g

(7) $587^{Dg} \times 709 = \ldots$ g $\qquad$ $79^{Kg} \times 630 = \ldots$ g $\qquad$ $509^{Hg} \times 608 = \ldots$ g

(8) $6^{Kg} + 587^{Dg} + 69^{Hg} = \ldots$ g $\qquad$ $576^{Kg} - 391^{Dg} = \ldots$ g

---

Problèmes.

1. — 6 caisses pèsent ensemble 228 kilog. Quel est, en grammes, le poids d'une de ces caisses?

2. — Une petite caisse pèse 5 kilog. Combien faudrait-il de ces caisses pour faire un quintal?

3. — 8 ouvriers ont fait venir ensemble un wagon de 10 tonnes de houille. Combien chaque ouvrier en a-t-il eu de kilog. ?

4. — Un arbre abattu pèse 46 quintaux. L'équarrissage en fait perdre le 5e. Quel est, en kilog., le poids de la partie équarrie?

5. — Un père partage entre ses 4 enfants 172 billes et 1 236 noisettes. Combien chaque enfant a-t-il eu de billes et de noisettes?

6. — Un mètre de toile valant 2^f, combien en aurait-on de mètres pour 170^f? Combien coûteraient 87 mètres?

7. — On a acheté 9 tonneaux de bière pour 382^f. A combien revient un tonneau, si l'on a 12^f de frais?

8. — Un homme fait venir 330 kilog. de châtaignes; il en garde un demi-quintal pour lui et partage le reste entre ses 6 frères et sœurs. Combien chacun d'eux en aura-t-il?

9. — 8 fûts de vin pèsent 12 quintaux. Combien de kilog. pèseraient 38 fûts de même poids?

10. — Il faut, par jour, 378 décagrammes de pain pour 7 personnes. Combien faudrait-il de grammes pour nourrir 68 personnes?

11. — On a acheté 75 tonnes de charbon pour $2\,100^f$. Le transport coûtant 1^f par quintal, à combien revient la tonne?

ARITHMÉTIQUE

Division par 10, 100, 1000,
de nombres terminés par une quantité suffisante de zeros.

$$40^f : 10 = 4^f \qquad 500^f : 100 = 5^f \qquad 6000^f : 1000 = 6^f.$$

RÈGLE. — Pour diviser par 10, par 100, par 1 000, un nombre terminé par des zéros, on supprime 1, 2, 3 zéros à sa droite.

Pour obtenir des déca..., des hecto..., des kilo..., c'est-à-dire dès unités métriques plus fortes, on supprime également, à la droite du nombre, un ou plusieurs zéros, suivant le cas.

EXEMPLE : **Convertir 68 000 mètres en kilomètres.**

En supprimant un zéro à droite, on obtient des décamètres; en supprimant deux zéros, on obtient des hectomètres; en supprimant trois zéros, on obtient des kilomètres. Il faut donc supprimer trois zéros.

QUESTIONNAIRE. — Comment fait-on pour diviser un nombre terminé par des zéros, par 10? par 100? par 1000? — Comment fait-on pour obtenir, avec des unités plus petites, des déca...? des hecto...? des kilo...?

EXERCICES. — I. Effectuer les divisions soivantes :

(1) 480 : 10 =   5300 : 100 =   18000 : 1000 =   63800 : 100 =

(2) 400 : 10 =   78000 : 100 =   90000 : 1000 =   64000 : 10 = etc.

II. 1° Combien 60 litres valent-ils de décalitres, 80^m de Dm, 160^g de Dg, 7800^l de Dl, 750^m de Dm, 15000^g de Dg?

2° Combien 600^m valent-ils d'Hm, 7500^l d'Hl, 3800^g d'Hg, 37800^m d'Hm, 1000^l d'Hl, 14000^g d'Hg, 37000^l d'Hl ?

3° Combien 48000^m valent-ils de Km, 575000^g de Kg, 70000^m de Km?

4° Combien 5800^m valent-ils d'Hm, 480^l de Dl, 175000^g de Kg, 45000^m de Km, 8900^l d'Hl, 17500^g d'Hg, 7050^m de Dm?

5° Combien 7500^{Kg} valent-ils de quintaux, 86000^{Kg} de tonnes, 850^{Dl} d'Hl, 900^{Dm} d'Hm, 8400^{Dg} de K^g, 150^{Hm} de Km?

III. Les dividendes seront d'abord transformés en unités de même espèce que le quotient, et, pour la 2e partie, en unités de même espèce que le diviseur.

(1) 3420^M : 6 = ... Dm   75600^l : 7 = ... Hl   348000^g : 4 = ... Kg

(2) 38400^m : 8 = ... Hm   3800^g : 5 = ... Dg   14180^m : 2 = ... Dm

(*3*)   456300^l : 9 = ... Hl   117000^m : 3 = ... Km   9300^l : 5 = ... Dl
(*4*)   11060^l : 7 = ... Dl   63900^g : 9 = ... Hg   294000^m : 3 = ... Km

Combien y a-t-il de fois 4^{Kg} dans 256000 gr., de fois 2^{Hl} dans 141600 l, de fois 8^{Hg} dans 23200 gr., de fois 7^{Km} dans 602000^m, de fois 6^{Dl} dans 42360 l, de fois 9^q dans 57700 Kg?

Problèmes.

1. — 10 hectolitres de vin valant 350^f, combien vaut un hectolitre?

2. — On a payé 1 500^f pour 100 mètres de drap. Combien a-t-on payé le mètre?

3. — Un kilomètre de route ayant coûté 6 000^f, à combien revient le mètre?

4. — On transporte 100 kilog. de sable par brouettée. Combien de brouettées ferait-on pour transporter 45 tonnes de sable?

5. — Combien faudrait-il de seaux d'un décalitre pour remplir un fût de 4 hectolitres 50 litres?

6. — On a mis dans 10 tonneaux de même grandeur 6^{Hl} de vin, puis 850 litres, puis 830 litres. Quelle est la contenance d'un tonneau?

7. — Une équipe d'ouvriers a fait en 100 jours 2 hectomètres de route, puis 880 mètres, puis 1 kilomètre 20 mètres. Combien cette équipe a-t-elle fait de mètres par jour?

8. — 10 kilog. d'une marchandise coûtent 20^f. Combien payera-t-on pour un quintal de cette marchandise?

9. — 100 hectolitres de cidre valant 800^f, combien aurait-on d'hectolitres pour 152^f?

10. — Un débitant a acheté 103 litres de liqueurs pour 400^f. Dans le transport, il en a été cassé 3 litres. A combien revient le litre de ce qui reste?

11. — 10 kilog. de café ont coûté 37^f d'achat, 1^f d'emballage et 2^f de port. A combien revient un kilog.? Combien, à ce prix, coûterait un demi-quintal de café?

12. — Une famille de 10 personnes a mangé 54 kilog. de pain en 10 jours. Quelle est, en décagrammes, la consommation par jour et par personne?

13. — Un boulanger a vendu en 10 jours 154 pains de 500 g., 286 pains de 2 kilog. et 507 pains de 5 kilog. Combien a-t-il vendu de kilog. de pain par jour?

ARITHMÉTIQUE

Exercice préparatoire.

EXEMPLE.   *Dans l'exemple ci-contre, le quotient est indiqué. Il s'agit de trouver le reste.*

$$\begin{array}{c|c} 4\ \ 3\ \ 2 & 6\ \ 8 \\ 2\ \ 4 & 6 \end{array}$$

On fait la multiplication et la soustraction tout à la fois : 6 fois 8, 48 (*Le 1ᵉʳ nombre plus fort que 48 terminé par 2, c'est 52*). 48 ôté de 52 reste 4 (unités). (*Je retiens 5 dizaines, puisque j'ai augmenté le 2 du haut de 50 unités*). 6 fois 6, 36, et 5 de retenue, 41, ôté de 43, reste 2 (dizaines).

Donc le reste est 24.

EXERCICES. — Le quotient est indiqué par rangées horizontales. Calculer les restes.

quot. 2	142 : 57	216 : 85	91 : 36	73 : 29
	276 : 106	421 : 158	430 : 247	1343 : 568
quot. 3	87 : 26	131 : 38	213 : 62	306 : 85
	471 : 129	847 : 247	1091 : 309	2937 : 726
quot. 4	180 : 39	262 : 56	347 : 71	427 : 92
	505 : 107	1281 : 293	1919 : 456	3566 : 845
quot. 5	206 : 38	305 : 51	348 : 62	513 : 97
	841 : 152	2174 : 393	2553 : 467	2181 : 378
quot. 6	122 : 19	185 : 28	318 : 47	431 : 65
	1136 : 175	2650 : 407	4597 : 680	5628 : 923
quot. 7	127 : 17	342 : 48	390 : 53	315 : 39
	849 : 109	2003 : 273	3514 : 458	4399 : 607
quot. 8	216 : 26	264 : 31	632 : 75	783 : 94
	1101 : 128	3032 : 370	4426 : 509	5266 : 647
quot. 9	321 : 34	684 : 71	811 : 86	873 : 93
	1939 : 207	3146 : 338	5580 : 590	7510 : 764

Problèmes.

1. — 8 stères de bois coûtant 120ᶠ, combien coûte un stère ?

2. — Un marchand de laine en avait 508 kilog. Il en a vendu le quart. Combien en a-t-il vendu de kilog.?

3. — Un ouvrier a dépensé inutilement 276ᶠ dans un semestre. Combien a-t-il dépensé inutilement par mois?

4. — Une somme de 680ᶠ est composée de pièces de 10ᶠ. Combien y a-t-il de pièces?

5. — On a acheté 7 hectares de terre pour 16 800ᶠ. On a payé la moitié. Quelle somme a-t-on payée? Combien reste-t-il à payer?

6. — On a acheté 5 hectares de terre pour 8 400ᶠ. A combien revient l'hectare si l'on a eu 475ᶠ de frais?

7. Un homme a laissé 4 710ᶠ, la moitié à sa femme, l'autre moitié à ses 3 enfants. Quelle est la part de chaque enfant?

8. — Une caisse pleine de savon pèse 8 400 grammes. La caisse pèse le 10ᵉ du poids total. Combien pèse le savon?

9. — Un peintre a gagné 54ᶠ en 6 jours de 3 heures de travail. Combien a-t-il gagné par jour et par heure?

10. — Un ouvrier gagne 27ᶠ par semaine et dépense 21ᶠ. Combien lui faut-il de semaines pour économiser 408ᶠ.

11. — 9 hectolitres de bière valant 252ᶠ, combien, à ce prix, vaudraient 10 hectolitres?

12. — 10 caisses de bougies pèsent un quintal. Combien pèseraient 58 caisses de même poids?

13. — 18 kilog. de café coûtent 54ᶠ. Combien coûteraient 6 myriag. et 8 kilog. de ce café?

14. — J'avais 1152ᶠ. Avec le 8ᵉ de cette somme, j'ai acheté 9 hectolitres de blé. Quel est le prix d'un hectolitre de ce blé?

15. — Avec le prix de 2 bœufs qui ont été vendus 350ᶠ chacun, un cultivateur a acheté 70 moutons. A combien lui revient un mouton?

16. — Un joueur avait 424ᶠ. Il en a perdu la moitié, puis le quart. Combien lui reste-t-il?

17. — Un ouvrier a reçu pour 100 jours de travail 200ᶠ en billets, 18 pièces de 10ᶠ en or et 20ᶠ en argent. Combien a-t-il gagné par jour?

18. — 2 éleveurs ont loué une pâture pour 135ᶠ. L'un y a mis engraisser 4 bœufs et l'autre 5. Quelle est la dépense pour un bœuf? Combien chaque éleveur doit-il payer?

ARITHMÉTIQUE

Le diviseur a plusieurs chiffres, le quotient un seul.

$$\begin{array}{ccc|cc} 3 & 4 & 7 & 6 & 5 \\ & 2 & 2 & 5 & \end{array}$$

Il est à peu près impossible de savoir combien il y a de fois 65 unités dans 347 unités. Mais il est facile de savoir combien il y a de fois 6 dizaines dans 34 dizaines. En divisant 34 par 6, on a le chiffre approximatif du quotient. Il n'y a plus qu'à opérer comme à l'exercice précédent.

Il arrive souvent, qu'en raison des retenues, ce chiffre approximatif est trop fort.

RÈGLE. — Lorsque le diviseur a plusieurs chiffres et que le quotient n'en doit avoir qu'un, on néglige à la droite du dividende et du diviseur le même nombre de chiffres, de façon à ce qu'il n'en reste qu'un au diviseur; on divise la partie non négligée du dividende par celle du diviseur et l'on a le chiffre approximatif du quotient.

EXERCICES. — Effectuer les divisions suivantes :

(1)	472 : 52	568 : 71	252 : 86	708 : 82
(2)	327 : 94	637 : 89	500 : 58	630 : 70
(3)	271 : 79	243 : 68	609 : 78	345 : 89
(4)	657 : 96	258 : 57	451 : 67	437 : 73
(5)	725 : 94	507 : 86	411 : 64	470 : 57
(6)	876 : 208	949 : 265	2205 : 430	850 : 168
(7)	912 : 218	4408 : 729	1715 : 454	1276 : 421
(8)	6816 : 757	2360 : 491	5440 : 836	4564 : 761
(9)	6737 : 927	7047 : 774	5419 : 680	2621 : 828
(10)	3190 : 618	3617 : 530	5826 : 975	3256 : 472
(11)	9675 : 2109	8560 : 3525	22530 : 4326	25637 : 3760
(12)	37148 : 6470	43709 : 5348	40562 : 5342	35670 : 8569

Problèmes.

1. — On a acheté 24 mètres de drap pour 192ᶠ. Quel est le prix du mètre ?

2. — 38 pains de sucre pèsent 266 kilog. Quel est le poids d'un pain ?

3. — Un hectolitre de vin coûtant 43ᶠ, combien pourrait-on en avoir d'hectolitres pour 387ᶠ ?

4. — Un coupon de soie a coûté 108ᶠ à raison de 18ᶠ le mètre. Combien ce coupon contient-il de mètres ?

5. — Combien pourrait-on remplir de fûts de 1ᵐ 20 litres avec 600 litres de vin ?

6. — Un ouvrier qui gagne 1 500ᶠ par an a dépensé 1 404ᶠ. Combien a-t-il économisé par mois ?

7. — 76 hectolitres de cidre ont coûté 600ᶠ d'achat et 8ᶠ de transport. A combien revient un hectolitre ?

8. — Un ouvrier qui a travaillé 305 jours par an a reçu 750ᶠ, puis 470ᶠ. Combien a-t-il gagné par jour ?

9. — 8 douzaines de couteaux coûtent 288ᶠ. A combien revient un couteau ?

10. — Un tisserand a fait en 36 jours une pièce de toile de 108 mètres qu'il vend 2ᶠ le mètre. Combien a-t-il gagné par jour ?

11. — Un marchand a acheté 16 chevreaux pour 80ᶠ. A ce prix, combien vaudraient 58 chevreaux ?

12. — 14 kilog. de chocolat valent 56ᶠ. Combien coûte un demi-quintal ?

13. — 18 barriques de vin ayant coûté 850ᶠ d'achat et 14ᶠ de transport, on demande à combien reviendraient 10 barriques.

14. — Avec 32 quintaux de pommes, on fait 8 hectol. de cidre. Combien ferait-on d'hectolitres de cidre avec 6 tonnes de ces pommes ?

15. — Une lampe qui reste allumée 4 heures par jour brûle 25 grammes d'huile par heure. Combien de jours durera une provision de 15 kilog. de cette huile ?

16. — Un marchand de charbon a acheté 10 tonnes de houille pour 320ᶠ. Il a payé 10ᶠ de transport, et il veut gagner 70ᶠ. Combien doit-il revendre le quintal ?

17. — Un marchand de bétail a acheté 14 moutons à raison de 18ᶠ l'un. Il a dépensé 48ᶠ pour les nourrir. S'il en a perdu 4, combien doit-il revendre chacun des autres pour ne rien perdre ?

SYSTÈME MÉTRIQUE

Balances.

Pour peser les objets, on se sert de **balances**.

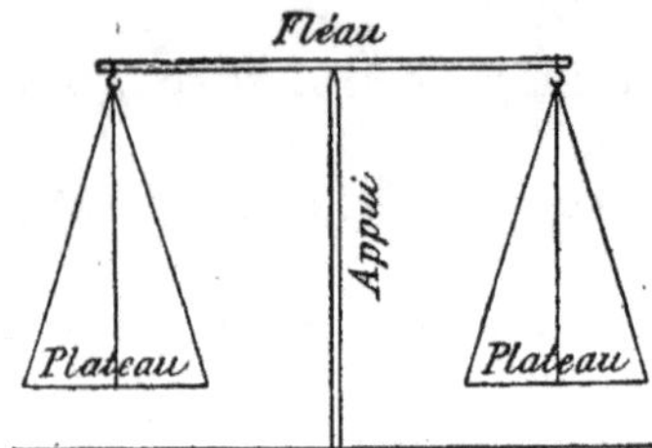

Principe de la balance ordinaire.

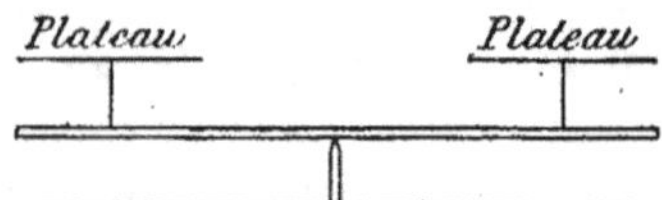

Principe de la balance de Roberval.

Une balance se compose de :

1° Un **appui** (colonne ou tige à suspension);

2° Un **fléau** qui repose sur une arête ou couteau de l'appui, afin d'être très mobile;

3° Deux **plateaux**.

Les balances les plus commodes ont les plateaux au-dessus des bras du fléau.

Pour peser un objet, on place cet objet dans l'un des plateaux, et dans l'autre plateau, on met des poids jusqu'à équilibre.

QUESTIONNAIRE. — De quoi se sert-on pour peser les corps? — De quoi se compose une balance? — Comment sont disposées les balances les plus commodes? Comment fait-on pour peser un objet?

EXERCICES PRATIQUES. — Avec une série de poids, placer dans l'un des plateaux 2 gr., 3, 4, 5, 6, 7, 8, 9 gr.; puis 20, 30, 40, 50, 60, 70, 80, 90 gr.; puis 15 gr., 23, 34, 62, 59, 78 gr., etc.

Peser des pierres de différentes grosseurs. Peser 50 gr., de sable, 75 gr., 100 gr., 125 gr., 250 gr., 310 gr., 375 gr., etc.

EXERCICES ÉCRITS. — Effectuer les divisions suivantes (Les dividendes seront transformés en grammes pour les deux premiers numéros, en kilog. pour les deux autres) (Indiquer les restes) :

(1) $3^{Hg} : 47$	$43^{Dg} : 53$	$2^{Hg} : 28$	$34^{Dg} : 62$
(2) $5^{Kg} : 715$	$1^{Kg}26^{Dg} : 249$	$2^{Kg}7^{Hg} : 385$	$566^{Dg} : 605$
(3) $3^q : 49$	$42^{Mg} : 84$	$1^t : 186$	$10^q : 128$
(4) $97^q : 1208$	$14^t : 2006$	$2345^{Mg} : 3850$	$29^t6^q : 6700$

6.

Problèmes.

1. — Combien de grammes représentent les poids suivants : un demi-kilog., un double Hg., un demi-Hg., un décag. et un demi-décag.?

2. — Combien manque-t-il de grammes à 2 Hg. et un double décag. pour valoir 1/2 kilog.?

3. — On a mis 2 demi-Hg. sur le plateau d'une balance. Combien faudrait-il de pièces de 5ᶠ pour y faire équilibre?

4. — Un coquetier a vendu des œufs pour 105ᶠ, à raison de 15ᶠ le cent. Combien a-t-il vendu de cents?

5. — On a acheté 732 décagrammes d'huile. Le litre d'huile pesant 915 grammes, combien a-t-on acheté de litres?

6. — Un rentier a 2 238ᶠ de revenu. S'il paye 48ᶠ d'impôts, combien peut-il dépenser par jour?

7. — Un libraire a acheté 2 douzaines de volumes pour 78ᶠ. Il en a reçu 2 de plus. A combien lui revient un volume?

8. — 48 paires de poulets ayant coûté 384ᶠ, à combien revient un poulet?

9. — Un employé a gagné 644ᶠ du 1ᵉʳ octobre à la fin de l'année. Combien a-t-il gagné par jour?

10. — J'ai acheté un cheval pour 860ᶠ. J'ai gagné, en le revendant, le 10ᵉ de ce qu'il m'avait coûté. Combien l'ai-je revendu?

11. — On a payé 24ᶠ pour 8 quintaux de charbon de terre. Combien doit-on payer pour 176 tonnes?

12. — 36 hectolitres de bon blé pèsent 288 myriagrammes. Combien pèsent 309 hectolitres : 1° en myriag.; 2° en kilog.?

13. — 25 hectolitres de blé pesant 200 myriagrammes, combien 688 myriag. de blé représentent-ils d'hectolitres?

14. — Un particulier a payé 18ᶠ pour le 6ᵉ de ses impôts. Combien paye-t-il d'impôts : 1° par an; 2° par mois?

15. — Un homme charitable a laissé 684ᶠ à distribuer ainsi : le 6ᵉ à l'hospice et le reste à partager entre 95 pauvres. Quelle est la part de chacun?

16. — Mon père gagne 1 800ᶠ par an; ma mère gagne 665ᶠ de moins que mon père; mon frère gagne 125ᶠ. Combien toute la famille gagne-t-elle par jour en comptant 306 jours de travail?

ARITHMÉTIQUE

Le diviseur a plusieurs chiffres,
le quotient plusieurs.

EXEMPLE.

1ᵉʳ dividende partiel

1	2	5 ·	8	0		4	7	
2ᵉ dividende partiel 3	1	8				2	6	7
3ᵉ dividende partiel	3	6	0					
reste		3	1					

On ne peut diviser par 47 qu'un nombre plus fort que 47. Le premier nombre à gauche du dividende plus fort que 47 c'est 125. La division de 12580 par 47 se composera donc de trois divisions successives donnant chacune un chiffre au quotient :

1° **Division des centaines** : *125 par 47 donne 2 centaines au quotient et 31 centaines pour reste.*

2° **Division des dizaines** : *31 centaines et 8 dizaines que l'on abaisse font 318 dizaines; 318 : 47 donne 6 dizaines au quotient et pour reste 36 dizaines.*

3° **Division des unités** : *36 dizaines et 0 unité que l'on abaisse font 360 unités; 360 : 47 donne 7 unités et 31 pour reste.*

REMARQUES. — **1°** Il est bon de séparer par un point le 1ᵉʳ dividende partiel.

2° Lorsque l'un des dividendes partiels est plus petit que le diviseur, on met un 0 au quotient, et l'on abaisse le chiffre suivant du dividende. (*Voir Règle générale, page 90.*)

QUESTIONNAIRE. — Le 1ᵉʳ chiffre du quotient représentant des mille, combien le quotient aura-t-il de chiffres ? — Combien y aura-t-il de dividendes partiels ? — Quelles sortes d'unités représenteront ces dividendes partiels ? — Que fait-on lorsque l'un des dividendes partiels est plus petit que le diviseur ?

EXERCICES. — Effectuer les divisions suivantes :

(1)	948 : 54	1800 : 25	1652 : 38
(2)	5330 : 65	4823 : 84	1444 : 19

(3)	3318 : 47	4815 : 96	4500 : 60
(4)	2224 : 16	20547 : 47	8365 : 35
(5)	5488 : 28	40716 : 58	19440 : 56
(6)	37628 : 92	77781 : 82	68914 : 90
(7)	8540 : 305	7270 : 184	26244 : 486
(8)	9816 : 530	28576 : 608	59133 : 731
(9)	18292 : 538	23041 : 309	51995 : 790
(10)	16848 : 156	247723 : 608	108750 : 375
(11)	387276 : 354	211957 : 517	246780 : 486

Problèmes.

1. — 25 hectolitres de vin coûtent 700ᶠ. Quel est le prix d'un Hl?

2. — Un ouvrier gagne 1 404ᶠ par an. Combien gagne-t-il par semaine?

3. — Une fontaine donne 45 hectolitres d'eau par heure. Combien donne-t-elle de litres par minute?

4. — Une fontaine donne 8ᴰˡ 6ˡ d'eau par minute. Combien met-elle de temps pour remplir un bassin de 4 902 litres?

5. — Une bonbonne de 16 litres peut contenir 14 640 grammes d'huile. Quel est le poids d'un litre d'huile?

6. — On a acheté un jardin de 15 ares pour 570ᶠ. On l'a revendu 615ᶠ. Quel a été le bénéfice par are?

7. — Un marchand a acheté 145 mètres de drap pour 2 610ᶠ et 78 mètres de soie pour 2 028ᶠ. A combien lui revient : 1° un mètre de drap; 2° un mètre de soie?

8. — J'ai acheté 186 ares de terrain pour 5 208ᶠ. Les frais ayant été de 2ᶠ par are, à combien me revient l'are?

9. — J'ai acheté 78 mètres d'étoffe. J'ai donné un billet de 1 000ᶠ sur lequel on m'a rendu 64ᶠ. Quel est le prix d'un mètre de cette étoffe?

10. — Un ouvrier qui gagne 1 800ᶠ par an en place le 15° à la caisse d'épargne. Combien peut-il placer par mois?

11. — Un employé gagne 2 400ᶠ par an. On lui retient un vingtième pour la caisse des retraites. Combien lui reste-t-il à dépenser : 1° par an; 2° par mois?

12. — 36 moutons coûtent 900ᶠ. A ce prix, combien vaut un troupeau de 176 moutons?

13. — Une pièce de 5ᶠ en argent pèse 25 grammes. Quel est le nombre de pièces contenues dans un sac qui pèse 4 kilog.? Quelle est la valeur de ces pièces? En supposant que cette valeur soit en billets de 100ᶠ, combien y aurait-il de billets?

ARITHMÉTIQUE

Le dividende et le diviseur sont terminés par des zéros.

EXEMPLE.

$$
\begin{array}{c|c}
3\ 6\ 0\ 0\ \cancel{0} & 8\ 2\ \cancel{0} \\
3\ 2\ 0 & 4\ 3 \\
7\ 4 &
\end{array}
$$

On supprime à la droite du dividende et du diviseur le même nombre de zéros, et on opère comme pour une division ordinaire.

QUESTIONNAIRE. — Comment fait-on lorsque le dividende et le diviseur sont terminés par des zéros?

EXERCICES. — I. Effectuer les divisions suivantes :

(1)	1440 : 60	1638 : 91	47400 : 80
(2)	3750 : 76	14560 : 150	15000 : 270
(3)	405600 : 3900	95720 : 460	2262 : 58
(4)	69730 : 570	22464 : 37	584000 : 6900
(5)	41810 : 74	17920 : 840	51456 : 64
(6)	60170 : 950	11878 : 279	80610 : 1380
(7)	84180 : 915	869500 : 27500	723650 : 1490
(8)	428910 : 3180	174680 : 5480	56074 : 678

II. Le dividende doit d'abord être transformé en unité de même espèce que le diviseur. (Indiquer les restes.)

(9)	740^{Hl} : 250^l	64^{Kg} : 480^g	4196^{Dm} : 740^m
(10)	65^t : 85^{Kg}	8576^{Dl} : 780^l	776^{Hm} : 88^m
(11)	84^{Mg} : 184^g	796^{Km} : 670^m	840^{Hg} : 92^g
(12)	46800^t : 730^q	5860^q : 725^{Kg}	91250^{Dg} : 806^g

III. Avant tout, le dividende et le diviseur doivent être transformés en unités de même espèce (la plus petite de ces deux nombres). (Indiquer les restes.)

Combien y a-t-il de fois :

(*13*)	15^m dans 8^{Mm}.	28^{Dl} dans 375^{Hl}?
(*14*)	280^g dans 18^{Kg}.	570^{Kg} dans 178 quintaux?
(*15*)	39^{Dm} dans 672^{Hm}.	705^g dans 380^{Kg}?
(*16*)	175^l dans 706^{Hl}.	85^{Kg} dans 18 tonnes?
(*17*)	470^g dans 1860^{Hg}.	710^{Hm} dans 7815^{Km}?
(*18*)	720^{Hg} dans 15080^{Kg}.	680^l dans 9605 décalitres?

Problèmes.

1. — 2 douzaines de vestons ayant coûté 672^f, à combien revient un veston?

2. — Un fermier a récolté 1 204 gerbes de blé. Combien a-t-il récolté d'hectolitres de grain s'il faut 14 gerbes pour faire un hectolitre?

3. — Combien 17 quintaux de foin peuvent-ils faire de bottes de 5 kilog.?

4. — Combien peut-on retirer de doubles décalitres de blé d'un coffre qui en contient 1 280 litres?

5. — Un train de marchandises fait 28 kilomètres à l'heure. Quel temps mettra-t-il pour parcourir 42 myriamètres?

6. — Un double décalitre de blé pesant 15 kilog., combien un cultivateur qui a récolté 2 775 kilog. de blé en aura-t-il d'hectolitres?

7. — Le kilog. d'une marchandise a coûté 18^f et a été revendu 32^f. Combien a-t-on vendu de kilog., si l'on a fait un bénéfice de 518^f?

8. — On a acheté 86 kilog. d'une marchandise pour 774^f. Combien doit-on revendre le kilog. pour gagner 3^f sur chacun?

9. — On a acheté 174 ares de terrain. On a revendu le 6e pour 1 102^f. Combien a-t-on revendu l'are?

10. — Un grainetier a acheté 17 hectolitres de graine de vesce pour 222^f. Sachant qu'il l'a revendue avec un bénéfice de 50^f, combien a-t-il revendu l'hectolitre?

11. — 8 hectolitres de graine de vesce ayant coûté 112^f, combien coûteraient 37 hectolitres?

12. — Un maquignon a acheté 14 mulets à raison de 175^f l'un. Il les a revendus avec un bénéfice total de 364^f. Combien a-t-il revendu chaque mulet?

13. — Pour payer un achat de 109 mètres de drap, un marchand a vendu 680 mètres de toile à 2^f le mètre, et il a donné 166^f en argent. Combien lui coûtait le mètre de drap?

Preuves de la division.

```
. . .5 4 3 5 | 7 2 . . . . 0 . . . . . . . . 7 2
    3 9 5 | 7 5 . . . . 3 . . . . . . . . 7 5
      3 5 |                             3 6 0
                        8            5 0 4
                                 reste 3 5
. . . . . . . . . . . . 8 . . . . 5 4 3 5
```

1re PREUVE. — On multiplie le diviseur par le quotient; on additionne le reste avec les produits partiels et l'on doit retrouver le dividende.

2e PREUVE PAR 9. — On opère comme pour la multiplication :

1° *Sur le diviseur considéré comme multiplicande :*

7 et 2, 9 : 0.

2° *Sur le quotient considéré comme multiplicateur :*

7 et 5, 12; 1 et 2, 3.

3° *Sur le produit des deux premiers résultats et le reste :*

3 fois 0, 0; 0 et 3, 3; 3 et 5, 8.

4° *Sur le dividende considéré comme produit total :*

5 et 4, 9; et 3, 12; et 5, 17; 1 et 7, 8.

Si les deux derniers résultats sont égaux, il est probable que l'opération est exacte.

QUESTIONNAIRE. — Comment fait-on la preuve d'une division? — Comment fait-on la preuve par 9 d'une division?

EXERCICES. — Effectuer les divisions suivantes. Faire la preuve.

(1) 678 : 48	2945 : 38	8062 : 57
(2) 4060 : 85	9270 : 96	70956 : 108

(3)	6008 : 126	91870 : 250	18750 : 305
(4)	58000 : 450	78562 : 538	49720 : 604
(5)	153800 : 760	76090 : 820	40084 : 915
(6)	98003 : 657	126570 : 780	405840 : 6270
(7)	180290 : 2080	5294500 : 6090	7809610 : 9180

Problèmes.

1. — Un chapelier a acheté 3 douzaines de chapeaux pour 504ᶠ. Combien lui coûte un chapeau ?

2. — Un homme a emprunté 3 450ᶠ qu'il doit rembourser en 75 semaines. Combien doit-il donner par semaine ?

3. — Une femme emploie 85 grammes de laine pour faire une paire de bas. Combien de paires peut-elle faire avec 4 kilog. de laine ?

4. — De Marseille à Alger il y a 702 kilomètres. En admettant qu'un bateau fasse 26 kilomètres à l'heure, combien mettrait-il d'heures pour faire la traversée ?

5. — Un marchand a payé 96ᶠ pour 48 kilog. d'huile. A combien lui revient le quintal ?

6. — Un fil de fer de 1 824 centimètres est coupé en morceaux de 4 centimètres pour faire des pointes. Combien en retirera-t-on de douzaines de pointes ?

7. — 4 piéces de toile ont ensemble 540 mètres. Combien, avec cette toile, pourra-t-on faire de douzaines de chemises, si pour faire une chemise il en faut 3 mètres ?

8. — 68 kilog. d'une marchandise ont coûté 940ᶠ d'achat et 12ᶠ de port. A combien revient le kilog.?

9. — Un débitant a acheté 36 pièces de vin pour 1 800ᶠ. Il veut gagner le 10ᵉ du prix d'achat. Combien doit-il revendre la pièce ?

10. — Si 27 barriques de vin blanc valent 1 755ᶠ, combien valent 85 barriques ?

11. — On mélange 6 hectolitres de vin à 25ᶠ l'hectolitre avec 9 hectolitres à 20ᶠ l'hectolitre. A combien revient l'hectolitre du mélange ?

12. — Une fontaine donne 210 litres d'eau en 15 minutes. Combien mettra-t-elle de temps pour remplir un bassin de 13ᴴˡ 30 litres

ARITHMÉTIQUE

Résumé-revision.

1re RÈGLE. — Lorsque le diviseur n'a qu'un chiffre et que le quotient n'en doit avoir qu'un, la division se fait mentalement au moyen de la table de multiplication.

RÈGLE GÉNÉRALE. — Pour faire une division de nombres entiers, on prend à gauche du dividende le 1er nombre pouvant contenir le diviseur, et l'on fait une 1re division avec ce dividende partiel. A la droite du reste, on place le chiffre suivant du dividende pour former un autre dividende partiel avec lequel on fait une seconde division, et ainsi de suite.

Si l'un des dividendes partiels est plus petit que le diviseur, on met un zéro au quotient et l'on continue la division.

QUESTIONNAIRE. — Comment se fait la division lorsque lé diviseur n'a qu'un chiffre et que le quotient n'en doit avoir qu'un? — Comment fait-on pour faire une division de nombres entiers? — Que fait-on lorsque l'un des dividendes partiels est plus petit que le diviseur?   -

---

EXERCICES. — Effectuer les divisions suivantes. Faire la preuve.

(1)	4480 : 72	6805 : 34	4760 : 54
(2)	6924 : 84	8570 : 91	6005 : 29
(3)	8475 : 15	9046 : 44	54970 : 65
(4)	8050 : 38	8060 : 47	8673 : 17
(5)	50670 : 260	10457 : 68	5860 : 44
(6)	70930 : 980	28092 : 86	812700 : 750
(7)	60784 : 137	47800 : 180	90460 : 207
(8)	46002 : 276	109600 : 338	90931 : 415

| (9) | 98060 : 480 | 60900 : 730 | 86740 : 602 |
| (10) | 98000 : 760 | 58462 : 834 | 388540 : 936 |

Problèmes.

1. — 85 quintaux de blé ont été payés 1 530^f. Quel est le prix d'un quintal ?

2. — Un fermier a 5 004 ares de terrain. Le 18e de ces terres est ensemencé en orge. Quelle étendue d'orge a-t-il ?

3. — Si un rideau coûte 7^f, combien en aurait-on de paires pour 364^f ?

4. — Combien y a-t-il de pièces de 20^f dans une somme de 386^f, sachant qu'il y a 6^f en argent ?

5. — Une famille a gagné 120^f. Combien a-t-elle travaillé de jours, si le père gagne 5^f, la fille 3^f et la mère 2^f ?

6. — On a acheté des marchandises pour 680^f. On a obtenu une remise d'un dixième. Combien doit-on payer ?

7. — Combien aurait-on de mètres de ruban pour 168^f, si 10 mètres de ce ruban coûtent 30^f ?

8. — Un marchand a vendu 34 quintaux de pommes de terre pour 230^f. Il a fait ainsi un bénéfice de 26^f. Combien lui coûtait le quintal ?

9. — Un marchand d'étoffe a acheté 2 pièces de drap à 12^f le mètre pour 456^f. La 1re pièce a 18 mètres. Quelle est la longueur de la 2e ?

10. — Dans 120 kilog. de farine un boulanger met 48 kilog. d'eau. Si pour un pain il emploie 6 kilog. de pâte, combien pourra-t-il faire de pains ?

11. — 2 ouvriers ont reçu 380^f. Le 1er a travaillé 45 jours et le 2e 50 jours. Combien ont-ils gagné par jour ?

12. — Pour payer 28 ouvriers il faut 840^f par semaine. Quelle somme faudrait-il s'il y avait 6 ouvriers en plus ?

13. — Le blé vaut 15^f l'hectolitre; le seigle vaut un cinquième en moins. Combien valent 86 hectolitres de seigle ?

14. — En 16 semaines, un ouvrier a économisé 208^f. Combien lui faudrait-il de semaines pour économiser 741^f ?

15. — Un robinet verse 180 litres d'eau dans un bassin en 18 minutes. Quel temps lui faudrait-il en minutes, puis en heures, pour remplir ce bassin qui contient 90 hectolitres ?

ARITHMÉTIQUE ET SYSTÈME MÉTRIQUE

Revision générale.

I. Effectuer les opérations suivantes :

(*1*) $375 + 5649 + 81 + 7 =$ $39760 \times 80 =$

(*2*) $80564 : 108 =$ $35600 - 18709 =$

(*3*) $76510 - 2807 =$ $48 + 715 + 3962 + 806 =$

(*4*) $8 + 35 + 709 + 84261 =$ $120694 - 8307 =$

(*5*) $7690 \times 5080 =$ $30605 - 9264 =$

(*6*) $378 + 6 + 49 + 7865 =$ $76940 : 850 =$

(*7*) $969500 : 806 =$ $59640 \times 807 =$

(*8*) $76080 \times 5080 =$ $37082 + 67 + 409 + 6875 =$

II. Effectuer les opérations suivantes. Tous les nombres d'une même opération doivent d'abord être transformés en unités de la plus petite espèce qu'ils contiennent.

(*9*) $6^{Hl}5^{D} - 176^{l} =$ (*10*) $87^{Km} \times 95 = \ldots m$

(*11*) $37^{Dm} + 85^{Hm} + 6973^{m} =$ (*12*) $738^{Hg} - 709^{g} =$

(*13*) $7068^{Dg} \times 809 = \ldots g$ (*14*) $5607^{Hl} : 850^{l} =$

(*15*) $375^{q} : 368^{Kg} =$ (*16*) $18^{q} + 39^{t} + 6^{t}4^{q} + 750^{Kg} =$

(*17*) $7604^{m} - 482^{Dm} =$ (*18*) $7480^{Dm} : 74^{m} =$

(*19*) $8060^{Dl} \times 905 = \ldots l$ (*20*) $906^{q}4^{Kg} - 365^{Kg} =$

(*21*) $58^{Hl} + 796^{Dl} + 3207^{l} =$ (*22*) $3780^{Hm} \times 680 = \ldots Dm$

(*23*) $758^{Kg} : 705^{g} =$ (*24*) $735^{g} + 84^{Dg} + 920^{Hg} + 4^{Kg} =$

III. Effectuer les opérations suivantes : la 1re avec les nombres entre parenthèses ; la 2e avec le résultat de la 1re et le dernier nombre.

(*25*) $(465 + 7809 + 3) - 3782 =$ (*26*) $(4865 \times 730) : 680 =$

(*27*) $(85 + 790 + 65) \times 780 =$ (*28*) $(18200 : 650) + 7486 =$

(*29*) $(7 + 4905 + 36488) : 650 =$ (*30*) $(72523 : 347) - 94 =$

(*31*) $(39064 - 7658) : 86 =$ (*32*) $(22680 : 84) \times 408 =$

(*33*) $(6800 - 760) \times 7050 =$ (*34*) $(7108 \times 907) + 3918 =$

(*35*) $(10472 - 923) + 7086 =$ (*36*) $(5090 \times 870) - 47306 =$

Problèmes.

1. — Combien de grammes représentent les poids suivants : 1 kilog., un double hectog., un demi-décag., un décag., 1 double g. et 1 g.?

2. — Combien manque-t-il de grammes à un demi-kilog., un demi-hectog. et un double décag. pour valoir 1 kilog.?

3. — 4 tonneaux contiennent : le 1ᵉʳ 228 litres, le 2ᵉ 24ᴰˡ 5ˡ, le 3ᵉ 118 litres et le 4ᵉ 1 hectol. 9 litres. Combien contiennent-ils d'hecto-litres ensemble?

4. — Quel est le poids d'une somme de 366ᶠ en argent et 45 centimes en bronze?

5. — On met 1 800 litres de blé dans des sacs de chacun 5 doubles décalitres. Combien faut-il de sacs?

6. — Une famille gagne 1 450ᶠ par an. Elle dépense 150ᶠ de loyer, 876ᶠ de nourriture et 386ᶠ d'entretien. Combien peut-elle économiser?

7. — Un train parcourt 480 kilomètres en 10 heures. Combien de mètres parcourt-il par heure et par minute?

8. — Pour couvrir une maison, on a acheté 17 000 tuiles à 36ᶠ le mille. On a donné 15ᶠ pour le transport et 134ᶠ au couvreur. A combien revient la toiture?

9. — Une lingère achète 58 douzaines de bonnets à 16ᶠ la douzaine. Elle les revend au détail et reçoit 1 560ᶠ. Quel est son bénéfice?

10. — Un marchand a reçu 26 caisses contenant chacune 15 douzaines d'oranges. Combien a-t-il reçu d'oranges?

11. — Un ouvrier gagne 90ᶠ en 15 jours de travail. Combien gagne-t-il par an, s'il travaille 304 jours?

12. — Un cheval consomme 105 kilog. de foin par semaine. Combien de jours lui durera une provision de 21 quintaux de ce foin?

13. — En revendant 84 mètres de drap pour 1 008ᶠ, un marchand fait un bénéfice du quart de cette somme. Combien a-t-il acheté le mètre de drap?

14. — Une famille composée de 6 personnes consomme 48 kilog. de pain par semaine. La famille s'étant augmentée de 2 personnes, combien de jours durera cette provision?

15. — Un peintre a reçu 350ᶠ pour la peinture d'une maison; il a payé 17 journées d'ouvrier à 4ᶠ l'une, et des matières premières pour 136ᶠ Quel est son bénéfice?

Problèmes

1. — Un homme a dépensé 1 095ᶠ dans son année. Combien a-t-il dépensé par jour?

2. — Combien y a-t-il de minutes dans 96 heures?

3. — Combien y a-t-il d'heures dans 2 300 minutes. Combien reste-t-il de minutes en plus?

4. — 3 voitures pèsent, l'une 875 kilog., la 2ᵉ 1 240 kilog. et la 3ᵉ 1 885 kilog. Combien pèsent-elles ensemble : 1° en kilog. ; 2° en quintaux; 3° en tonnes?

5. — 3 tonneaux contiennent ensemble 6 hectolitres. Le 1ᵉʳ contient 2ᴴˡ14 litres, le 2ᵉ 1ᴴˡ9ᴰˡ. Quelle est, en litres, la contenance du 3ᵉ?

6. — Une somme en argent pèse 1 675 grammes. Quelle est cette somme? Combien vaut-elle de pièces de 5ᶠ?

7. — Un artiste qui travaille 7 heures par jour gagne 5ᶠ par heure. Combien doit-il travailler de jours pour gagner 2 660ᶠ?

8. — Un marchand a acheté 100 moutons pour 1 620ᶠ. Il en a perdu 10 par suite de maladies. Combien doit-il revendre chaque mouton pour ne rien perdre?

9 — Un bec de gaz brûle 400 litres en 5 heures. Combien 64 becs de gaz peuvent-ils brûler de litres par heure?

10. — Une usine fabrique 144 000 épingles par jour. Combien cela fait-il : 1° de douzaines; 2° de grosses (12 douzaines)?

11. — Un maraîcher a vendu 300 bottes d'asperges, la moitié à 2ᶠ la botte et l'autre moitié à 3ᶠ. Combien a-t-il reçu?

12. — Un bec de gaz brûle 72 hectolitres de gaz en 48 heures; un autre brûle 3 132 litres en 29 heures. Combien l'un brûle-t-il de litres de plus que l'autre par heure?

13. — Pour faire 5 kilog. de beurre il faut 60 litres de lait. Combien faut-il de litres de lait pour faire 148 kilog. de beurre?

14. — Un homme dépense en 5 mois 75ᶠ d'alcool et 35ᶠ de tabac. Combien dépense-t-il ainsi inutilement par an?

15. — Un homme échange 28 hectares de terre valant 2 400ᶠ l'hectare contre 15 hectares de pré. Quelle est la valeur d'un hectare de pré?

16. — Un marchand a vendu en un mois 7 douzaines de foulards à 4ᶠ le foulard et 9 douzaines de cravates à 2ᶠ la cravate. Combien a-t-il reçu? Quel est son bénéfice, s'il avait acheté le tout 380ᶠ?

Problèmes.

1. — En partageant une somme entre 15 personnes, chacune d'elles a eu 576ᶠ. Quelle était la somme à partager ?

2. — Un négociant a acheté 56 pièces de vin de chacune 228 litres à 1ᶠ le litre. Combien doit-il payer ?

3. — 4 ouvriers ont gagné ensemble 5 320ᶠ. Les 3 premiers ayant gagné 1 243ᶠ, 1 419ᶠ et 1 376ᶠ, combien a gagné le 4ᵉ ?

4. — 28 ouvriers se sont partagé 3 360 litres de vin. Combien chacun a-t-il eu : 1º de litres; 2º de décalitres ?

5. — Un marchand achète 80 hectolitres de vin. Combien lui faudrait-il de fûts de 125 litres pour les contenir ?

6. — Quel est le poids total de 18 pièces de 5ᶠ et 5 pièces de 2ᶠ ?

7. — Un demi-mètre d'étoffe valant 8ᶠ, quel est le prix d'un double décamètre de cette étoffe ?

8. — Un vigneron a récolté 3 760 litres de vin. Il en a bu le quart et il a vendu le reste. Combien a-t-il vendu de litres ?

9. — Un voyageur a emporté 800ᶠ. Au bout de 36 jours de voyage, il lui reste 260ᶠ. Combien a-t-il dépensé par jour ?

10. — Un sac vide pèse un demi-kilogramme. Combien pèse-t-il s'il contient 150ᶠ en argent et 50 centimes en bronze ?

11. — Un marchand a vendu 8 vestons à 36ᶠ l'un et 16 pantalons à 10ᶠ l'un. Combien a-t-il reçu ?

12. — 18 kilog. de chocolat valant 90ᶠ, combien vaudraient 100 kilog. de ce chocolat ?

13. — Dans une forêt il y a 2 760 arbres. Le quart de ces arbres est composé de bouleaux; le tiers, de chênes, et le reste de hêtres. Combien y a-t-il de hêtres ?

14. — Un boulanger avait 1 940 fagots; il en a brûlé le 5ᵉ, puis le quart du reste. Combien, après cela, lui reste-t-il de fagots ?

15. — Combien y a-t-il de secondes dans une semaine ?

16. — 18 ouvriers ont mis 45 jours pour faire un ouvrage. Combien 10 ouvriers mettraient-ils de temps pour faire le même ouvrage ?

17. — Pour payer une dette de 500ᶠ, un cultivateur a vendu 16 paires de poulets à 6ᶠ la paire et 18 moutons à 19ᶠ l'un. Combien doit-il donner en argent ?

Problèmes.

1. — J'achète dans une vente publique une armoire pour 157ᶠ. Je paye en outre 15ᶠ de frais et 8ᶠ de transport. A combien me revient cette armoire?

2. — Combien y a-t-il de lieues de 4 kilomètres dans 27ᴹᵐ6ᴷᵐ?

3. — Un tonneau contient 78ᴴˡ de vin. Combien restera-t-il de litres de vin après en avoir tiré 26ᴴˡ, puis 786 litres?

4. — Une paire de poulets valant 8ᶠ, que valent 73 poulets?

5. — Un poulet valant 3ᶠ, que valent 39 paires?

6. — Une montre coûtait 120ᶠ. On l'a revendue avec une perte d'un tiers de cette somme. Combien l'a-t-on revendue?

7. — Un horloger a acheté une montre 148ᶠ. Il l'a revendue avec un bénéfice d'un quart de cette somme. Combien l'a-t-il revendue?

8. — Un cultivateur a récolté 1000 gerbes de blé. Si chaque gerbe donne 5 litres de grain, combien a-t-il récolté d'hectolitres de grain?

9. — Un demi-kilog. de café valant 2ᶠ, combien valent 27 kilog.? Combien de kilog. aurait-on pour 100ᶠ?

10. — Un marchand a acheté 80 mètres de drap pour 960ᶠ. Il veut faire un bénéfice d'un quart du prix d'achat. Combien doit-il revendre le mètre?

11. — On mélange 12 kilog. de café qui ont coûté 28ᶠ avec 17 kilog. d'une autre sorte qui ont coûté 59ᶠ. A combien revient le kilog. de café?

12. — On mélange 8 kilog. de café à 3ᶠ le kilog. avec 7 kilog. d'une autre sorte que l'on a payé 36ᶠ. A combien revient le kilog. de mélange?

13. — On mélange 12ᴴˡ de vin à 24ᶠ l'hectolitre avec 12ᴴˡ à 30ᶠ l'hectolitre. A combien revient l'hectolitre du mélange?

14. — Un marchand a acheté 48 mètres de drap à 16ᶠ le mètre. Il en a vendu le quart à 18ᶠ le mètre et le reste à 19ᶠ le mètre. Quel est son bénéfice?

15. — 25 sacs contenant chacun 1ᴴˡ 2 décalitres de seigle ont été vendus 330ᶠ. Quel serait le prix de 175 hectolitres de ce seigle?

16. — Pour faire 4 douzaines de chemises une ouvrière a employé 126 mètres de toile à 2ᶠ le mètre. Elle y a passé 35 jours à 2ᶠ par jour. Les fournitures ayant coûté 14ᶠ, à combien revient une chemise?

17. — Un cultivateur a vendu 2652 kilog. de blé pour 578ᶠ. Sachant que l'hectolitre de ce blé pèse 78 kilog., combien a-t-il vendu l'hectolitre?

Problèmes.

1. — Que valent 3 douzaines de chapeaux à 8ᶠ le chapeau ?

2. — Avec 27 000ᶠ, combien pourrait-on avoir de chevaux à 460ᶠ l'un ? Quelle somme resterait-il ?

3. — Mon père gagne 28ᶠ par semaine, ma mère 18ᶠ. Notre dépense étant de 38ᶠ, combien reste-t-il ?

4. — On met sur le plateau d'une balance le poids de 2ᴴᵍ et 15 pièces de 2ᶠ. Combien pèse le tout ?

5. — Dans un tonneau de 228 litres on a versé un décalitre, un demi-hectolitre et un hectolitre de vin. Combien faudrait-il en verser encore pour le remplir ?

6. — J'ai acheté un jardin pour 850ᶠ. Je l'ai fait entourer d'une clôture de 108 mètres, qui m'a coûté 2ᶠ le mètre. A combien me revient ce jardin ?

7. — Un bec de gaz brûle 80 litres par heure. Combien brûle-t-il d'hectolitres en un mois de 30 jours, si on le laisse allumé 5 heures par jour ?

8. — 16 litres d'huile pesant 14 560 grammes, combien un hectolitre d'huile pèse-t-il de kilog. ?

9. — Un homme gagne 6ᶠ par jour. Combien gagne-t-il par an, s'il ne travaille pas le dimanche et 8 jours de fête ?

10. — Un homme gagne 1 606ᶠ par an. Il veut économiser le 11ᵉ de son salaire. Combien peut-il dépenser par jour ?

11. — Une pièce de 48 mètres d'étoffe a été payée 481ᶠ. Le port ayant été de 5ᶠ, combien le mètre doit-il être revendu pour faire un bénéfice de 138ᶠ ?

12. — Un marchand a acheté 38 hectolitres de blé pour 570ᶠ. A combien lui revient le double décalitre ? Combien aurait-il pu avoir d'hecto-litres pour 795ᶠ ?

13. — 90 doubles décalitres d'orge coûtant 180ᶠ, quel serait le prix de 146 hectolitres ?

14. — Pour empierrer une route de 640 mètres, on a payé 3 840ᶠ. Combien payerait-on pour empierrer une route de 2ᴷᵐ 50 mètres ?

15. — On a acheté 28 mètres d'étoffe pour 224ᶠ. Combien devrait-on revendre le mètre pour gagner le quart du prix d'achat ?

16. — On a acheté 27 kg. d'une marchandise pour 309ᶠ. Le 9ᵉ étant avarié, combien doit-on revendre le kilog. de ce qui reste pour gagner 27ᶠ ?

NOMBRES DÉCIMAUX

Numération

Dixièmes.

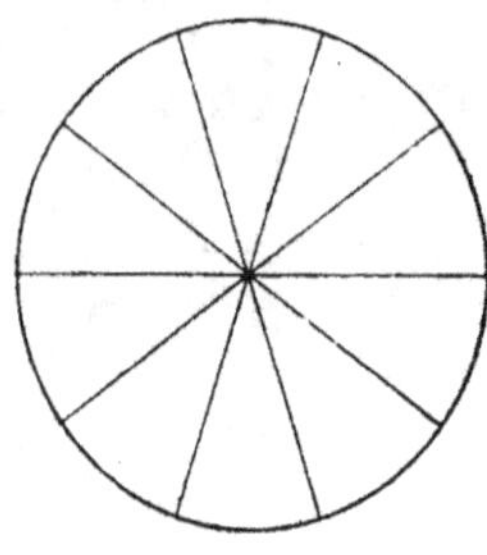

Galette partagée en dixièmes.

Voici une galette. C'est une unité. Elle est divisée en 10 parties égales. Chaque morceau est 10 fois plus petit que la galette. C'est un **dixième**.

Un dixième est dix fois plus petit qu'une unité entière.

Le chiffre qui représente des dixièmes est un **chiffre décimal**.

On sépare les chiffres décimaux des unités par une **virgule**.

Le chiffre des dixièmes occupe le **1ᵉʳ rang** à droite de la virgule.

EXEMPLES.

2,3	6,5	0,8
2 unités 3 dixièmes.	6 unités 5 dixièmes.	0 unité 8 dixièmes.

En système métrique, les dixièmes s'appellent *déci... décimes*.

EXEMPLES.

$2^f,4$	$3^l,6$	$5^m,8$
2 francs 4 décimes.	3 litres 6 décilitres.	5 mètres 8 décimètres.

QUESTIONNAIRE. — Combien un dixième est-il de fois plus petit qu'une unité? — Quelle sorte de chiffre est le chiffre qui représente des dixièmes? — Par quoi sépare-t-on les chiffres décimaux des unités? — Quel rang occupe le chiffre des dixièmes? — En système métrique, comment s'appellent les dixièmes?

EXERCICES. — I. Lire les nombres suivants :

(1)	0,4	$6^f,4$	$0^l,5$	$12^m,9$	$4^g,5$
(2)	75,3	$0^f,3$	$7^l,4$	$0^m,6$	$18^g,4$
(3)	672,7	$580^f,7$	$97^l,9$	$70^m,5$	$0^g,8$
(4)	1045,9	$3075^f,9$	$178^l,3$	$805^m,4$	$796^g,3$
(5)	7510,6	$7009^f,2$	$3015^l,7$	$707^m,8$	$5800^g,7$

II. Écrire sous la dictée des nombres contenant des dixièmes, déci... ou décimes.

Centièmes.

Dixième de galette
partagé
en 10 centièmes.

Voici un dixième de galette coupé en 10 morceaux égaux. Dans la galette entière, il y aurait 100 de ces morceaux. Chacun de ces morceaux est un **centième**.

Un centième est 100 fois plus petit qu'une unité.

Le chiffre des centièmes est un chiffre décimal.

Le chiffre des centièmes occupe le **2ᵉ rang** à droite de la virgule.

Exemples.

2,05	3,25	0,08
2 unités 5 centièmes.	3 unités 25 centièmes.	0 unité 8 centièmes.

En système métrique, les centièmes s'appellent *centi...*, *centimes*.

Exemples.

0ᶠ,15	2ˡ,04	0ᵐ,06
0 franc 15 centimes.	2 litres 4 centilitres.	0 mètre 6 centimètres.

QUESTIONNAIRE. — Combien un centième est-il de fois plus petit qu'une unité? — Quelle sorte de chiffre est le chiffre des centièmes? — Quel rang occupe le chiffre des centièmes? — En système métrique, comment s'appellent les centièmes?

EXERCICES. — I. Lire les nombres suivants :

(1)	0,24	3ᶠ,05	0ˡ,45	8ᵐ,20	0ᵍ,08
(2)	4,5	0ᶠ,75	2ˡ,5	0ᵐ,6	2ᵍ,64
(3)	72,05	18ᶠ,4	20ˡ,74	1ᵐ,85	15ᵍ,7
(4)	500,20	78ᶠ,30	570ˡ,08	150ᵐ,09	198ᵍ,05
(5)	690,8	125ᶠ,06	791ˡ,70	640ᵐ,50	702ᵍ,30
(6)	2796,09	5378ᶠ,80	7804ˡ,03	1710ᵐ,64	7877ᵍ,45

II. Écrire les nombres suivants :

(7)	0 unité 75 centièmes.	8 un. 6 dix.	85ᵘ,6 centièmes.
(8)	0ᶠ,5 décimes.	43ᶠ,45 centimes.	74ᶠ,8 centimes.
(9)	15ˡ,7 centilitres.	0ˡ,6 décilitres.	38ˡ,45 centilitres.
(10)	175ᵐ,80 centimètres.	300ᵐ,9 décimètres.	0ᵐ,8 centimètres.
(11)	4ᵍ,4 décigr.	0ᵍ,5 centigr.	87ᵍ,60 centigrammes.

Millièmes.

Voici un centième de galette. Avec des précautions, on pourrait le découper en 10 petits morceaux égaux.

Il y aurait 100 de ces petits morceaux dans un dixième.

Il y en aurait 1000 dans la galette entière.

Chacun de ces petits morceaux serait un **millième**.

Un millième est 1 000 fois plus petit qu'une unité.

Le chiffre des millièmes est un chiffre décimal.

Le chiffre des millièmes occupe le **3ᵉ rang** à droite de la virgule.

EXEMPLES.

$$2,005 \qquad 6,325 \qquad 0,045$$

2 unités 5 millièmes.   6 unités 325 millièmes.   0 unité 45 millièmes.

En système métrique, les millièmes s'appellent *milli...*

EXEMPLES.

$$6^f,025 \qquad 0^l,028 \qquad 4^m,005$$

6 francs 25 millimes.   0 litre 28 millilitres.   4 mètres 5 millimètres.

QUESTIONNAIRE. — Combien un millième est-il de fois plus petit qu'une unité? — Quelle sorte de chiffre est le chiffre des millièmes? — Quel rang occupe le chiffre des millièmes? — En système métrique, comment s'appellent les millièmes?

EXERCICES. — I. Lire les nombres suivants :

(1)	0,325	6,40	3ᶠ,405
(2)	6ˡ,05	0,008	6ᵍ,3
(3)	18ᵐ,040	36,5	86ᶠ,780
(4)	75,4	87ˡ,675	190ᵐ,06
(5)	198ᵍ,006	704,08	809ᶠ,009
(6)	3072ˡ,35	7049ᵐ,028	3004ᵍ,5
(7)	18004,035	54020ᶠ,5	74050ˡ,080
(8)	54700ᵐ,345	80060ᵍ,006	125008,05

I. Écrire sous la dictée des nombres contenant 1, 2 ou 3 chiffres décimaux.

Résumé-revision.

Les unités décimales qui suivent les millièmes s'appellent **dix millièmes, cent millièmes,** etc.

Elles occupent le **4ᵉ rang**, le **5ᵉ rang**, etc., à droite de la virgule.

Les nombres qui contiennent des dixièmes, des centièmes, etc., sont appelés **nombres décimaux.**

LECTURÉ. — Pour lire un nombre décimal, on lit la partie entière, puis la partie décimale, en lui donnant le nom de la dernière unité décimale à droite.

EXEMPLES.

0,06	45,035	6430,1034
0 unité 6 centièmes.	45 unités 35 millièmes.	6430 unités 1034 dix millièmes.

ÉCRITURE. — Pour écrire un nombre décimal, on écrit la partie entière, puis la partie décimale, en plaçant le dernier chiffre décimal au rang indiqué par le nom de la fraction.

EXEMPLES.

Écrire :

0 unité 26 millièmes.	70 unités 6 centièmes.	3540 unités 4 dix millièmes.
0,026	70,06	3540,0004

QUESTIONNAIRE. — Comment s'appellent les unités décimales qui suivent les millièmes ? — Quels rangs occupent-elles ? — Comment sont appelés les nombres qui contiennent des dixièmes, des centièmes, etc.? — Comment fait-on pour lire un nombre décimal ? — Pour écrire un nombre décimal ?

EXERCICES. — I. Apprendre le tableau ci-contre : 1º de gauche à droite ; 2º de droite à gauche.

Énoncer et montrer les unités décimales avec le nombre seul écrit au tableau noir.

unités.	dixièmes.	centièmes.	millièmes.	dix millièmes.	cent millièmes.
0,	6	4	3	9	7

II. Lire les nombres suivants :

(1)	0,375	0,0045	6,0008
(2)	0,427	4,03045	14,5
(3)	72,00036	0,50864	0,50684
(4)	3,0506	79,00306	98,3080

III. Écrire sous la dictée des nombres décimaux.

ARITHMÉTIQUE

Addition des nombres décimaux.

	dizaines.	unités.	dixièmes.	centièmes.	millièmes.
	3	5 ,	4		
		8 ,	0	2	5
		0 ,	3	5	
	9	7 ,	0	9	
1	4	0 ,	8	6	5

Pour faire une addition de nombres décimaux, on place les dixièmes sous les dixièmes, les centièmes sous les centièmes, etc., comme on a placé les unités sous les unités, etc.

On opère ensuite comme pour des nombres entiers; puis on met la virgule du total au rang des virgules des nombres additionnés.

EXERCICES. — I. Lire et additionner les nombres suivants :

(1) $3^f,5 + 78^f + 0^f,75 + 3^f,876$
$0^l,8 + 15^l,75 + 780^l,045 + 35$

(2) $15 + 8,750 + 0,45 + 72,6844$
$75^m,05 + 0^m,005 + 45^m + 71^m,8$

(3) $187^g,5 + 75^g + 0^g,30 + 7^g,738$
$365 + 8,045 + 78,65 + 785,4085$

(4) $87^f,50 + 172^f + 0^f,857 + 79^f,8$
$87^l,75 + 810^l + 0^l,548 + 137^l,8$

(5) $7400,5 + 340 + 1,006 + 8,3075$
$109^f,80 + 0^f,0779 + 96^f + 6^f,708$

(6) $0^g,7575 + 26^g,075 + 48^g,2708$
$308^f,005 + 795^f,0406 + 2^f,06452$

II. Écrire et additionner les nombres suivants :

(7) 0 unité 38 dix millièmes $+ 75^u,8$ centièmes $+ 148^u,704$ millième

(8) $75^f,25$ centimes $+ 0^f,35$ millimes $+ 735^f,6$ décimes $+ 47^f,75$ centimes.

(9) $48^l,6$ décilitres $+ 0^l,8$ centilitres $+ 175^l,48$ millilitres $+ 6^l,704$ dix millièmes.

(10) $374^m,8$ décimètres $+ 17^m,34$ millimètres $+ 0^m,85$ centimètres $+ 36^m,8$ dix millièmes.

(11) $15^g,7$ centigr. $+ 745$ milligrammes $+ 357^g,4$ décig. $+ 784^g,9$ milligrammes.

Problèmes.

1. — Paul a reçu pour ses étrennes 3^f,50 de son père, 1^f,50 de sa mère et 0^f,75 de sa tante. Combien a-t-il reçu ?

2. — Une ménagère a acheté du café pour 3^f,80, du sucre pour 1^f,75 et du sel pour 0^f,20. Combien a-t-elle dépensé ?

3. — J'ai acheté un chapeau pour 6^f,50, des souliers pour 14^f et des sabots pour 2^f,55. Combien ai-je dépensé ?

4. — Un ouvrier a gagné 3^f,50 le 1er jour, 4^f,20 le 2e jour, 4^f,75 le 3e jour et 4^f le 4e jour. Combien a-t-il gagné ?

5. — Henri a acheté des livres pour 8^f,75, un sac d'écolier pour 3^f,45, et il lui reste encore 9^f,25. Combien avait-il ?

6. — On a versé dans un tonneau une 1re fois 147^l,50 de vin, une 2e fois 81^l,75. On l'emplirait en y versant encore 52^l,75. Quelle est la contenance de ce tonneau ?

7. — J'ai donné 20^f,50, puis 35^f, puis 18^f,75 au boulanger, et je lui dois encore 31^f,40. Combien lui devais-je ?

8. — J'ai acheté 30^m,25 de drap pour 180^f,70 ; 84 mètres de toile pour 90^f,30, et 109^m,25 de calicot pour 62^f,50. Combien ai-je acheté de mètres d'étoffe, et pour combien ?

9. — Un marchand de vin a vendu 260 litres de vin rouge pour 145^f,20, 768 litres de vin blanc pour 420^f,50 et 736 litres de vin gris pour 256^f. Combien a-t-il vendu de litres de vin, et pour quelle somme ?

10. — Mon frère gagne par jour 2^f,75 ; mon père gagne 1^f,50 de plus que lui. Combien gagnent-ils ensemble par jour ?

11. — Un cultivateur a vendu un mouton pour 19^f,50, et un bélier 15^f,40 de plus que le mouton. Combien a-t-il vendu les deux animaux ?

12. — Ma mère a gagné en une semaine 13^f,75, mon frère 4^f,25 de plus que ma mère, et mon père 5^f,30 de plus que mon frère. Combien ont gagné : 1° mon frère ; 2° mon père ; 3° combien ont gagné ensemble mon père, ma mère et mon frère ?

13. — J'ai acheté 3 pièces de toile. La 1re a 45^m,20, la 2e 8^m,40 de plus que la 1re, et la 3e autant que les deux autres ensemble. Quelle est la longueur totale des 3 pièces ?

14. — 4 coupons de drap ont le 1er 4^m,50 et chacun des deux autres 4^m,25 de plus que le précédent. Quelle est leur longueur totale ?

ARITHMÉTIQUE

Soustraction des nombres décimaux.

	dizaines.	unités.	dixièmes.	centièmes.	millièmes.
	3	4 ,	7	0	0
		3 ,	4	8	5
	3	1 ,	2	1	5

Pour faire une soustraction de nombres décimaux, on place les dixièmes sous les dixièmes, les centièmes sous les centièmes, etc., comme on a placé les unités sous les unités, etc. On opère ensuite comme pour des nombres entiers, et on met la virgule du résultat au rang des virgules des nombres de la soustraction.

REMARQUE. — Si le nombre du haut n'a pas de chiffres décimaux, ou s'il en a moins que le nombre du bas, on en fait avec une virgule, s'il y a lieu, et des zéros.

Avec un peu d'habitude, on n'écrit pas les zéros du nombre supérieur; on opère comme s'ils y étaient.

EXERCICES. — Effectuer les soustractions suivantes. Remarquer que le plus fort nombre, qui doit être au-dessus, n'est pas toujours celui qui a le plus de chiffres; c'est celui qui a le plus grand nombre d'unités entières, et, à défaut, de dixièmes, etc. Les élèves liront d'abord les nombres :

(1)	$4^f,25 - 0^f,75$	$36^f,5 - 8^f,075$	$0^f,780 - 0^f,375$
(2)	$84^f - 3^f,45$	$1805^f - 780^f,40$	$44^f,25 - 9^f,485$
(3)	$780^f,5 - 39^f,075$	$906^f,725 - 138^f,40$	$744^f,05 - 178^f,30$
(4)	$1715^f - 871^f,80$	$3506^f,078 - 2080^f,40$	$2770^f,45 - 809^f,785$
(5)	$15^l,45 - 7^l,80$	$18^l - 8^l,75$	$35^l,425 - 16^l$
(6)	$3^l,05 - 0^l,835$	$172^l,20 - 96^l,8$	$206^l - 88^l,60$
(7)	$785^l,60 - 408^l,45$	$906^l - 780^l,37$	$830^l,475 - 304^l,775$
(8)	$3^m,75 - 0^m,128$	$4^m,80 - 2^m,7$	$8^m - 3^m,406$
(9)	$36^m,4 - 17^m,38$	$77^m,475 - 38^m,09$	$172^m - 83^m,95$
(10)	$350^m - 186^m,70$	$745^m,78 - 148^m,09$	$780^m,5 - 456^m,385$
(11)	$4^g - 0^g,25$	$15^g,730 - 8^g,90$	$37^g,08 - 16^g,375$
(12)	$76^g,40 - 36^g,6$	$187^g - 96^g,685$	$504^g,3 - 370^g,90$
(13)	$1840^g - 735^g,56$	$9045^g,4 - 386^g,54$	$5206^g,425 - 93^g,78$

Problèmes.

1. — Une ménagère a emporté au marché 15^f,50; elle a dépensé 8^f,35. Combien lui reste-t-il ?

2. — Je devais 84^f,45 au boulanger; je lui ai donné 65^f. Combien lui dois-je encore?

3. — Un ouvrier a gagné 35^f,40 en une semaine. Il a dépensé 26^f,15. Combien a-t-il économisé ?

4. — D'un tonneau qui contenait 215^l,50 de vin, on a tiré 186 litres. Que reste-t-il?

5. — Un vase plein d'eau pèse 1 540 grammes; vide, il pèse 215^g,65. Quel est le poids de l'eau?

6. — Un ouvrier a gagné 5^f,40 en sa journée; il a dépensé 1^f,85 à son dîner et 1^f,20 à son déjeuner. Que lui reste-t-il?

7. — Un marchand d'étoffe avait 36^m,80 de drap et 168^m,50 de toile. Il a vendu 18^m,50 de drap et 80 mètres de toile. Combien lui reste-t-il : 1° de mètres de drap; 2° de mètres de toile?

8. — Une ménagère achète du café pour 3^f,45, du sel pour 0^f,10, du miel pour 1^f,40, de la bougie pour 0^f,80. Elle donne en payement une pièce de 10^f. Combien doit-on lui rendre ?

9. — J'emporte un billet de 100^f pour payer les dettes suivantes : 36^f,25 au boulanger, 23^f,80 au boucher et 15^f,15 à l'épicier. Combien doit-il me rester?

10. — J'ai 42^f. Combien me manque-t-il pour acheter un veston de 24^f,50, un gilet de 3^f,75 et un pantalon de 18^f?

11. — Une pièce d'étoffe a 56^m,60; une seconde a 5^m,80 de moins. Quelle est la longueur des deux pièces?

12. — Jules a dans sa bourse 12^f,60; Jean a 4^f,80 de moins que Jules, et Pierre a autant que Jules et Jean ensemble. Quelle somme Pierre a-t-il?

13. — Un ouvrier avait reçu 175^f,50 d'une personne, 86^f,40 d'une autre et 38^f d'une 3e. Avec cette somme, il a payé 53^f,60 au boulanger, 36^f,80 au boucher, 18^f,20 à l'épicier. Combien doit-il lui rester?

14. — Un maquignon avait 2 chevaux qui lui coûtaient, l'un 325^f, l'autre 410^f. Il a revendu le 1er avec un gain de 68^f,50 et le second avec une perte de 12^f,50. Combien a-t-il revendu les 2 animaux?

15. — Un horloger avait 2 montres qui lui coûtaient 54^f,50 et 86^f,40. Il a revendu la première 70^f et la deuxième 120^f. Quel est son bénéfice?

Problèmes de revision.

1. — Louis avait une pièce de 10ᶠ. Il a acheté un livre pour 3ᶠ,25. Combien lui reste-t-il?

2. — Une ménagère a acheté 3ᶠ,75 de café et 1ᶠ,20 de sucre, et il lui reste 5ᶠ,05. Combien avait-elle?

3. — Une ménagère a vendu des poules pour 18ᶠ,50; elle a acheté du calicot pour 6ᶠ,70. Combien lui reste-t-il?

4. — Pour faire un vêtement, un tailleur a employé du drap pour 38ᶠ, de la doublure pour 5ᶠ,45. S'il estime la façon 18ᶠ,50, combien doit-il vendre le vêtement?

5. — Un coquetier a acheté des œufs pour 18ᶠ,65. Il les a revendus 25ᶠ. Combien a-t-il gagné?

6. — Un homme a acheté un porc pour 25ᶠ,50; il a dépensé 12ᶠ,85 pour l'engraisser, et il l'a revendu 54ᶠ. Combien a-t-il gagné?

7. — Un vêtement a coûté 70ᶠ. Le veston a coûté 43ᶠ,80 et le gilet 8ᶠ,75. Combien a coûté le pantalon?

8. — Un marchand avait 168ᵐ,50 de toile et autant de calicot. Il a vendu 25ᵐ,50 de toile et 74ᵐ,75 de calicot. Combien lui reste-t-il de mètres de chaque espèce d'étoffe?

9. — Un homme gagne 28ᶠ,50 par semaine; il dépense 15ᶠ de nourriture, 7ᶠ,30 d'entretien et 3ᶠ,85 en frais divers. Combien économise-t-il par semaine?

10. — On a mis dans un fût de 60 litres 15ˡ,25 d'huile, puis 7ˡ,50, puis 18 litres. Combien faudrait-il en mettre encore pour le remplir?

11. — Un ouvrier gagne 125ᶠ,40 par mois; son fils gagne 35ᶠ de moins que lui. Combien gagnent-ils ensemble?

12. — J'ai acheté du drap pour 18ᶠ,40, de la doublure pour 4ᶠ,85 et un gilet de laine pour 8ᶠ,95. J'ai donné en payement une pièce de 20ᶠ, une pièce de 10ᶠ et une pièce de 5ᶠ. Combien le marchand doit-il me rendre?

13. — Une fermière a vendu du beurre pour 36ᶠ,40 et des œufs pour 18ᶠ,80. Avec cette somme, elle a acheté des souliers pour 12ᶠ,50 et une robe pour 25ᶠ. Combien lui reste-t-il?

14. — On doit à un cordonnier des chaussures neuves pour 38ᶠ,50 et différents raccommodages pour 18ᶠ,75. On lui a fait du travail pour 15ᶠ, et on lui a donné 30ᶠ en argent. Combien lui redoit-on?

Problèmes.

1. — Un marchand avait un coupon de soie qui lui coûtait 36^f,80. Il l'a revendu avec un bénéfice de 12^f,25. Combien l'a-t-il revendu?

2. — Un marchand a acheté un mouton 25^f; il l'a revendu avec une perte de 3^f,75. Combien l'a-t-il revendu?

3. — Un homme a acheté un hectolitre de vin pour 34^f; il a payé 1^f,50 de droits et 3^f,80 de transport. A combien lui revient ce vin?

4. — D'un coupon de 2^m,85 on a pris 75 centimètres pour faire un gilet. Combien reste-t-il?

5. — Une pièce de drap avait 34^m,90. On en a enlevé 2 coupons, l'un de 6^m,40, l'autre de 8^m,70. Combien reste-t-il?

6. — D'un baril de 18^l,50 d'huile, on a tiré 4 jours de suite 3^l,50 par jour. Combien en reste-t-il de litres?

7. — J'avais 40^f dans mon porte-monnaie. J'ai acheté un chapeau pour 3^f,25, des bottines pour 12^f,75 et une cravate pour 0^f,60. Combien me reste-t-il?

8. — 3 fûts contiennent ensemble 650 litres. Le 1er contient 218^l,50; le 2e, 216^l,80. Quelle est la contenance du 3e?

9. — Mon frère a 3^f,50; si l'on me donnait 0^f,75, j'aurais 1^f,25 de plus que lui. Combien ai-je?

10. — J'ai acheté une bonbonne d'huile pour 25^f,80. J'ai payé 1^f,60 de transport, mais j'ai vendu la bonbonne vide 0^f,40. A combien me revient cette huile?

11. — Un ouvrier gagne 28^f,70 par semaine. Un second ouvrier gagne 4^f,25 de moins; un 3e ouvrier gagne autant que les deux premiers ensemble. Combien gagne le 3e?

12. — Un cordonnier a acheté des souliers pour 12^f,40 et des bottines pour 13^f,60. Il a revendu les premiers 16^f et les deuxièmes 19^f,50. Quel est son bénéfice?

13. — Deux caisses de marchandises coûtent 48^f,60 et 125^f,20. On a obtenu une remise de 2^f,10 sur la 1re et de 5^f,60 sur la 2e. A combien reviennent les deux caisses?

14. — 4 caisses de marchandises coûtent : la 1re 18^f,20, la 2e 1^f,25 de moins, la 3e 0^f,80 de moins que la 2e, et la 4e 1^f,60 de plus que la 3e. Combien coûtent ces 4 caisses?

15. — Combien coûtent 4 caisses de marchandises, si la 1re coûte 25^f et chacune des autres 0^f,90 de moins que la précédente?

ARITHMÉTIQUE

Multiplication des nombres décimaux.
Le multiplicateur n'a qu'un chiffre.

$$\left.\begin{array}{r} 4\ 2\ ,\ 5 \\ 7 \end{array}\right\}\ \textit{1 chiffre décimal.} \qquad \left.\begin{array}{r} 3\ 8\ ,\ 3\ 5 \\ 0\ ,\ 7 \end{array}\right\}\ \textit{3 chiffres décimaux.}$$

$$\overline{2\ 9\ 7\ ,\ 5}\ \textit{ 1 chiffre décimal.} \qquad \overline{2\ 6\ ,\ 8\ 4\ 5}\ \textit{ 3 chiffres décimaux.}$$

La multiplication des nombres décimaux se fait comme celle des nombres entiers; on sépare ensuite à la droite du produit autant de chiffres décimaux qu'il y en a dans les deux facteurs.

REMARQUES. — 1° On peut, sans changer la valeur du résultat, supprimer les zéros à la droite d'un nombre décimal, de même qu'on peut en ajouter.

2° Il n'est pas nécessaire que, dans les opérations, les unités du multiplicateur soient placées sous les unités du multiplicande, etc.

EXERCICES. — Effectuer les opérations suivantes. Lire les nombres; donner les résultats et les lire.

(1)	385^f × 0,8	48^f,7 × 6	36^f,9 × 0,7
(2)	48^l,6 × 4	30^l,75 × 9	7^l,804 × 5
(3)	456^m,7 × 0,20	89^m,60 × 0,80	2^m,498 × 3
(4)	45^g,68 × 5	3^g,795 × 2	0^g,8207 × 6
(5)	906^f,4 × 0,30	2098^f × 0,9	397^f,60 × 0,40
(6)	0^l,375 × 0,2	3^l,709 × 0,7	49^l,75 × 0,3
(7)	0^m,489 × 0,4	65^m,83 × 0,6	8^m,725 × 0,8
(8)	0^g,875 × 0,50	918^g,7 × 0,7	6^g,9803 × 0,90
(9)	0^f,7348 × 0,8	43^f,54 × 0,60	754^f,8 × 0,4
(10)	0^f,6487 × 0,70	875^f,9 × 0,5	3907^f,65 × 0,9

Problèmes.

Quel est le prix de 18ᵐ,75 de drap à 8ᶠ le mètre?

Pour éviter de dire 18ᵐ,75 valent 18 fois 75 centièmes de fois 8ᶠ, on écrit :

$$18^m,75 \; valent \; 8^{f*} \times 18,75 = 150^f,00.$$

1. — Quel est le prix de 7 mètres de drap à 12ᶠ,80 le mètre?

2. — Un canif coûte 2ᶠ,90. Que coûte une demi-douzaine de ces canifs?

3. — Un employé gagne 75ᶠ,80 par mois. Combien gagne-t-il dans un trimestre?

4. — Un ménage dépense 24ᶠ,75 par jour. Combien dépense-t-il par semaine?

5. — Une bonbonne contient 6ˡ,85. Combien contiennent 9 bonbonnes de même grandeur?

6. — Un litre de vin coûte 0ᶠ,40. Combien coûtent 245 litres

7. — Un mètre de cretonne coûte 0ᶠ,80. Combien coûtent 78 mètres?

8. — Combien coûtent 28ᵐ,75 de toile à 2ᶠ le mètre?

9. — Un mètre de drap coûte 15ᶠ,60. Combien coûtent 0ᵐ,80 de ce drap?

10. — Un père gagne 5ᶠ,60 par jour, son fils 3ᶠ,45. Combien gagnent-ils ensemble en une semaine de 6 jours de travail?

11. — Un employé gagne 6ᶠ,30 par jour et dépense 4ᶠ,95. Combien économise-t-il par semaine?

12. — On achète 8 pièces de vin à raison de 76ᶠ,50 l'une. On paye 38ᶠ,25 de droits et 18ᶠ,45 de transport. A combien reviennent ces 8 pièces?

13. — Un libraire a acheté 9 volumes à 10ᶠ,60 l'un. Combien doit-il si on lui fait une remise de 30ᶠ,80 ?

14. — Combien doit-on pour 4 paires d'oies à 6ᶠ,85 la pièce?

15. — Une ménagère a acheté 9 mètres de calicot à 0ᶠ,65 l'un et 0ᵐ,90 de drap à 14ᶠ,60 le mètre. Combien doit-elle?

16. — Un débitant a acheté 486 litres de vin à 0ᶠ,40 l'un, et 187 litres de bière à 0ᶠ,20 l'un. Combien doit-il payer, s'il a 8ᶠ,60 de frais?

17. — Une fermière a vendu 8 kilog. de beurre à 3ᶠ,85 le kilog. Avec cet argent, elle a acheté une demi-douzaine de chaises à 3ᶠ,15 l'une. Combien lui reste-t-il?

---

* Nous avons vu que, dans l'opération, le multiplicande peut être mis à la place du multiplicateur.

ARITHMÉTIQUE

Multiplication des nombres décimaux par 10, 100, 1000.

10 *fois* **3**^{u}**,25** *font* 3 *dizaines* 25 ou **32**^{u}**,5**.

100 *fois* **6**^{u}**,4** *font* 6 *centaines* 4 ou **640** unités.

1000 *fois* **5**^{u}**,0035** *font* 5 *mille* 0035 ou **5003**^{u}**,5**.

RÈGLE. — Pour multiplier un nombre décimal par 10, par 100, par 1 000..., on déplace la virgule de 1 rang, de 2 rangs ou de 3 rangs vers la droite.

REMARQUES. — 1° On ne met pas de virgule à la fin d'un nombre.

2° S'il n'y a pas assez de chiffres à la droite d'un nombre décimal, on y met le nombre de zéros nécessaire.

EXERCICES. — Multiplier par 10 :

(1) 4^f,75	8^l,40	0^g,8	64^m,05	7^f,5
(2) 12^l,745	125^g,3	480^m,704	0^f,735	28^f,004

Multiplier par 100 :

(3) 6^l,275	4^m,25	8^g,6	17^f,4	29^l,5
(4) 35^m,04	372^g,425	0^f,8	0^l,4875	4^f,5608

Multiplier par 1000 :

(5) 0^f,7865	4^l,630	8^m,65	46^g,8	57^f,05
(6) 0^l,35	106^m,4	365^g,18	3^f,4067	5^m,874

Effectuer les opérations suivantes :

(7) 10 fois 3^f,25 — 100 fois 0^f,45 — 1000 fois 65^f,40

(8) 100 fois 4^l,5 — 10 fois 0^l,75 — 1000 fois 38^l,565

(9) 1000 fois 0^m,50 — 100 fois 4^m,5 — 10 fois 72^m,450

(10) 10 fois 4^g,575 — 1000 fois 0^g,8 — 100 fois 38^g,5

Problèmes.

1. — Que valent 10 litres de rhum à 2^f,75 l'un ?

2. — Combien payerait-on pour 100 mètres de mérinos à 0^f,90 le mètre ?

3. — Combien valent 1 000 litres de cidre à 0^f,24 le litre ?

4. — Combien valent 100 pièces de 0^f,50 ?

5. — Un mètre de drap valant 14^f,60, combien valent 10 mètres de ce drap ?

6. — Une bonbonne contient 6^l,45. Combien contiennent 1 000 bonbonnes de même grandeur ?

7. — Une pièce de toile a 56^m,60. Quelle est la longueur de 10 pièces semblables ?

8. — Quel est le poids de 1 000 bouteilles, si chaque bouteille pèse 25^g,80 ?

9. — Un marchand **achète** le kilogramme de café 3^f,15 ; il veut gagner 0^f,60 par kilog. Combien doit-il vendre les 100 kilogrammes ?

10. — Une fermière avait 25^f,40 ; elle a vendu 10 poulets à 2^f,75 l'un. Combien a-t-elle ?

11. — Une mercière vend du ruban à 1^f,45 le mètre. Si elle gagne 0^f,50 par mètre, combien a-t-elle payé les 1 000 mètres ?

12. — Un débitant a acheté 10 hectolitres de vin à raison de 36^f,40 l'hectolitre. S'il revend les fûts ensemble 28^f,50, à combien lui revient son vin ?

13. — Une personne a acheté 1 000 mètres de terrain à raison de 1^f,05 le mètre. Combien doit-elle revendre le tout pour gagner 280^f ?

14. — Combien doit-on pour 10 caisses de chacune 10 chapeaux à 8^f,50 le chapeau ?

15. — Un cultivateur a acheté 100 sacs d'engrais à 5^f,25 le sac. Pour payer, il a vendu 10 moutons à 22^f,50 l'un. Combien redoit-il ?

16. — Un rentier a vendu 100 ares de vigne à 87^f,60 l'are, et 1 000 ares de pré à 32^f,45 l'are. Combien a-t-il reçu ?

17. — Compléter la facture suivante :

  100 kilog. de savon à 0^f,40 le kilog.. . . . .
   10 paquets de bougie à 1^f,25 le paquet. . . . . . .
  1000 mètres de ruban à 0^f,20 le mètre. . . . .
         Total. . . . .

SYSTÈME MÉTRIQUE

Lecture, écriture et conversion des mesures de capacité.

<table>
<tr><td>Hectolitres.</td><td>Décalitres.</td><td>litres.</td><td>décilitres.</td><td>centilitres.</td><td>millilitres.</td></tr>
<tr><td>6</td><td>4</td><td>5 ,</td><td>3</td><td>8</td><td>9</td></tr>
</table>

A l'aide du tableau ci-contre reproduit au tableau noir, puis avec les chiffres seulement, les élèves désigneront toutes les unités, de la plus grande à la plus petite et inversement.

A l'aide des chiffres seuls, procéder aux deux exercices suivants :

1º Que representent le 4, le 3, etc.?

2º Montrer vivement le chiffre des hectolitres, celui des décilitres, etc.

Ces exercices sus, la lecture et l'écriture des nombres se feront sans difficulté.

LECTURE. — Ex. : $3^{Hl},05,$ 3 hectolitres 5 litres.

(1) $6^{Dl},5$	$8^{Hl},9$	$6^{dl},8$	$5^{cl},4$
(2) $3^{Hl},45$	$0^{Dl},20$	$37^{dl},24$	$8^{Hl},09$
(3) $38^{Dl},5$	$46^{Hl},4$	$172^{Hl},08$	$36^{dl},4$
(4) $8^{dl},37$	$76^{Dl},52$	$28^{Hl},54$	$0^{Hl},25$
(5) $17^{Hl},275$	$178^{dl},25$	$35^{Dl},7$	$59^{Dl},478$

ÉCRITURE. — Les élèves placeront les chiffres sous les unités correspondantes du tableau suivant dit tableau des ordres :   H D l d c m.

(6) $4^{Dl},8^{l}$	$7^{Hl},3^{Dl}$	$6^{Hl},5^{l}$	$0^{dl},4^{cl}$
(7) 60^{dl}	$0^{Hl},80^{l}$	$18^{Dl},75^{dl}$	85^{cl}
(8) $38^{Hl},15^{l}$	$6^{Dl},5^{dl}$	$0^{Hl},7^{l}$	$8^{Dl},4^{l}$

CONVERSION. — Il suffit de placer la virgule à droite de l'unité demandée en employant des zéros, à droite ou à gauche.

Les élèves se serviront avec avantage, dans les conversions, du tableau des ordres.

Convertir en litres	$4^{Dl},5$	$0^{Hl},6$	375^{dl}
— en hectolitres	540^{l}	$3^{Dl},75$	39^{l}
— en décilitres	750^{l}	$4^{Dl},5$	875^{cl}
— en décalitres	$4^{Hl},06$	275^{l}	15^{Hl}
— en centilitres	37^{l}	287^{dl}	48^{ml}
— en millilitres	15^{l}	72^{dl}	83^{dl}

Combien font :

1° $478^l + 3^{Dl},05 + 8^{Hl},40.$ Exprimer le résultat en litres.
2° $5^{Hl},25^l + 6^{Dl},45 + 396^l + 75^{dl}.$ —   en Dl
3° $35^{dl} + 485^l + 0^{Hl},45 + 6^{Dl},5.$ —   en Hl.

Combien font :

1° $6^{Hl} - 3^{Dl},5$ $835^l - 3^{Hl},04.$ —   en litres.
2° $78^l - 476^{dl}$ $1875^{dl} - 6^{Dl},8.$ —   en décilitres.
3° $365^{Dl} - 8^{Hl},06$ $487^l,75 - 2^{Hl},45.$ —   en hectolitres.

Problèmes.

1. — Combien vaut un hectolitre de vin à 0,45 le litre ?

2. — Un bassin reçoit $8^{Hl},50$ d'eau par heure ; il en laisse écouler 25 décalitres 6 litres pendant le même temps. Exprimez en hectolitres ce qui reste au bout d'une heure.

3. — Un décalitre de blé valant $1^f,65$, que vaut l'hectolitre ?

4. — Un vase mesure $1^{Dl},4$ litres. Combien faudrait-il de décilitres d'eau pour le remplir ?

5. — On verse dans un vase, pouvant contenir 6 litres et demi, 38 décilitres d'eau. Combien en faudrait-il encore pour le remplir ?

6. — Que valent $6^l,75$ d'alcool à $0^f,40$ le décilitre ?

7. — Un litre de graine de colza donne environ 60 centilitres d'huile. Quelle quantité d'huile obtiendrait-on d'un sac de $1^{Hl},25$?

8. — Un marchand achète 8 hectolitres de blé à $1^f,75$ le décalitre. Il donne en payement 2 billets de 100^f. Combien doit-on lui rendre ?

9. — Un débitant a acheté 10 hectolitres de vin à $0^f,35$ le litre. A combien lui revient ce vin, s'il a $35^f,40$ de frais ?

10. — Une bonbonne contenait $12^l,60$ d'huile ; on en a retiré 8 bouteilles de chacune $0^l,85$. Combien reste-t-il d'huile dans la bonbonne ?

11. — Un débitant a acheté un fût de $2^{Hl},28$ litres de vin à raison de $0^f,3$ le litre. A combien lui revient ce vin, s'il a eu $7^f,50$ de frais, et s'il a revendu le fût 6^f ?

12. — Un cultivateur a vendu 7 hectolitres de blé à $1^f,725$ le décalitre et 905 décalitres d'avoine à 8^f l'hectolitre. Quelle somme a-t-il dû recevoir ?

ARITHMÉTIQUE

Multiplication de nombres décimaux quelconques.

$$
\begin{array}{r}
3\ 4\ 8,5 \\
6,0\ 4
\end{array} \Bigg\}\ \textit{3 chiffres décimaux.}
$$

$$
\begin{array}{r}
1\ 3\ 9\ 4\ 0 \\
2\ 0\ 9\ 1\ 0 \\
\hline
2\ 1\ 0\ 4,9\ 4\ 0 \quad \textit{3 chiffres décimaux}
\end{array}
$$

La multiplication des nombres décimaux se fait comme celle des nombres entiers; on sépare ensuite à la droite du produit autant de chiffres décimaux qu'il y en a dans les deux facteurs.

EXERCICES. — Effectuer les opérations suivantes :

(1)	$575 \times 0{,}76$	$740 \times 3{,}8$	$397{,}60 \times 47$
(2)	$62{,}40 \times 58$	$839 \times 6{,}9$	$406{,}8 \times 0{,}85$
(3)	$8504 \times 7{,}5$	$36{,}05 \times 49$	$79{,}85 \times 2{,}30$
(4)	$3040 \times 6{,}8$	$7064 \times 0{,}85$	$39{,}70 \times 9{,}7$
(5)	$5760 \times 0{,}74$	$89{,}45 \times 8{,}4$	$209{,}6 \times 3{,}6$
(6)	$0{,}385 \times 365$	$3{,}76 \times 407$	$8{,}067 \times 509$
(7)	$56{,}4 \times 0{,}804$	$0{,}738 \times 0{,}670$	$2{,}090 \times 1{,}48$
(8)	$70{,}60 \times 26{,}50$	$28{,}35 \times 3{,}87$	$0{,}806 \times 4{,}56$
(9)	$690{,}5 \times 708$	$468{,}7 \times 0{,}609$	$0{,}786 \times 3{,}25$
(10)	$4{,}806 \times 6{,}054$	$0{,}7604 \times 72{,}08$	$9{,}708 \times 9{,}607$

Problèmes.

1. — Une mercière a acheté 87 mètres de ruban à 0^f,65 le mètre. Combien doit-elle ?

2.

2. — Quel est le prix d'un pain de sucre pesant 8^{kg},500 à raison de 1^f,20 le kilog.?

3. — Combien payera-t-on pour 18^m,60 de drap à 16^f le mètre?

4. — Un cultivateur a vendu 95 hectolitres d'avoine à 8^f,25 l'hectolitre. Combien a-t-il reçu?

5. — Que vaut une pièce de 228 litres de vin à raison de 0^f,35 le litre?

6. — Un ouvrier gagne 3^f,75 par jour. Combien gagne-t-il par an, s'il travaille 306 jours?

7. — Un ouvrier boit tous les matins un verre d'eau-de-vie de 0^f,25. Combien dépense-t-il ainsi inutilement par an?

8. — Quel est le prix de 148 hectolitres d'orge à 0^f,85 le décalitre?

9. — Combien de litres contiennent 736 bouteilles de chacune 0^l,85?

10. — On a acheté 1^{hl},75, puis 20^{Dl},8 de vin à 0^f,45 le litre. Combien doit-on?

11. — Un journalier, qui travaille 298 jours par an, gagne 3^f,25 par jour et dépense 2^f,25. Combien gagne-t-il par an? Combien dépense-t-il par an?

12. — Un ouvrier consomme par semaine pour 1^f,75 d'eau-de-vie et 0^f,85 de tabac. Combien dépense-t-il ainsi inutilement par an?

13. — Un cultivateur a acheté un semoir pour 945^f. Il a donné en payement 28 hectolitres de blé à 16^f,50 l'hectolitre et le reste en argent. Combien a-t-il donné en argent?

14. — Que valent 8 douzaines de mouchoirs à 0^f,85 le mouchoir?

15. — Un ouvrier gagne 4^f,25 par jour. Combien 17 ouvriers recevant le même salaire gagneraient-ils en 38 jours?

16. — Une maison a 8 fenêtres de chacune 6 carreaux. Combien coûtera la vitrerie de cette maison, à raison de 1^f,25 le carreau?

17. — Un maçon emploie 6 ouvriers qu'il paye 3^f,25 par jour. Quelle somme lui faut-il pour leur payer une semaine de 6 jours de travail?

18. — Un tailleur a acheté 15^m,80 de drap à 9^f,90 le mètre et 28 mètres d'un autre drap à 12^f,80 le mètre. Combien doit-il?

19. — Un hectare de terre a donné 26^{hl},50 de grain vendu 16^f,50 l'hectolitre, et 260 bottes de paille vendue 0^f,25 la botte. Combien ce terrain a-t-il rapporté?

20. — Que doit-on payer pour 38 chapeaux à 7^f,50 l'un et 46 autres chapeaux à 4^f,75 l'un?

21. — Un coutelier a acheté 16 douzaines de couteaux à 18^f,50 la douzaine. Il a payé 3^f,45 de port. Combien gagne-t-il s'il revend chaque couteau 1^f,70?

SYSTÈME MÉTRIQUE

Lecture, écriture et conversion des mesures de longueur.

Myriamètres.	Kilomètres.	Hectomètres.	Décamètres.	mètres.	décimètres.	centimètres.	millimètres.
2	3	8	6	4^m,	5	9	7

A l'aide du tableau ci-contre reproduit au tableau noir, puis avec les chiffres seulement, les élèves désigneront toutes les unités, de la plus petite à la plus grande et réciproquement.

A l'aide des chiffres seuls, procéder aux deux exercices suivants :

1º Que représentent le 8, le 4, etc.?

2º Montrer vivement le chiffre des hectomètres, des décimètres, etc.

Ces exercices sus, la lecture et l'écriture des nombres se feront sans difficulté.

LECTURE. — Exemple : 36^{Dm},05   36 décamètres 5 décimètres.

(1)	64^m,25	0^m,475	8^m,03	12^m,025
(2)	4^{Dm},5	28^{Dm},45	45^{Dm},028	3^{Dm},04
(3)	8^{Hm},45	6^{Hm},08	15^{Hm},4	35^{Hm},038
(4)	4^{Km},6	12^{Km},06	25^{Km},360	28^{Km},005
(5)	4^{Mm},7	15^{Mm},28	3^{Mm},065	14^{Mm},0205
(6)	6^{dm},4	32^{dm},25	0^{dm},08	72^{dm},5

ÉCRITURE. — Les élèves placeront les chiffres sous les unités correspondantes du tableau des ordres : M K H D U d c m.

(7)	6^m,25^{cm}	3^{Dm},8^m	15^m,6^{mm}	13^{Hm},25^m
(8)	12^{Km},35^m	8^{Hm},4^{Dm}	36^{Km},4^{Dm}	9^{Mm},45^{Hm}
(9)	6^{dm},2^{mm}	30^{Km},6^{Hm}	28^{Hm},5^m	12^{Mm},235^m, etc.

CONVERSION. — Il suffit de placer la virgule à droite de l'unité demandée en faisant emploi des zéros, à droite ou à gauche.

On se servira avec avantage dans les conversions du tableau des ordres.

Convertir en mètres : 36^{Dm},5, 48^{Hm}, 57^{dm}, 15^{Km}, 12^{Km},25, 74^{Dm},25, 375^{cm}, 28^{mm}, 32^{Hm},364.

En kilomètres : 3625^m, 48^{Hm}, 576^{Dm}, 305^m, 12^{Mm},45, 15^{Hm},06, 46^{Dm},5^m, 4^{Hm},25, 748^{Mm},6, 6^{Hm}.

En hectomètres : 375^m, 6^{Dm},4, 38^{Km},250, 6^{Mm},25, etc.

Additionner :

1°	$4^{Hm} + 28^{Km} + 75^{Hm}$.	Exprimer le résultat en mètres.
2°	$375^{m} + 28^{Km},6^{Dm} + 375^{Hm}$.	— en décamètres.
3°	$670^{Dm} + 12^{Km},28^{m} + 3^{Hm},4^{m}$.	— en hectomètres.
4°	$6^{Mm},5^{Hm} + 372^{Hm},4 + 3600^{m}$.	— en kilomètres.

Soustraire :

1°	$6^{m},5$ de $4^{Dm},2^{m}$.	— en décimètres.
2°	$28^{Km},365$ de $15^{Mm},045$.	— en myriamètres.
3°	$0^{m},45$ de $6^{Dm},45$.	— en centimètres.
4°	$3^{m},25$ de $8^{Dm},35$.	— en millimètres.

Problèmes.

1. — Quel est le prix d'un hectomètre de toile à $1^f,85$ le mètre ?

2. — Une ouvrière fait $0^m,45$ de dentelle par heure. Combien de mètres fait-elle en une journée de 10 heures ?

3. — Combien vaut un décamètre de ruban à $0^f,025$ le décimètre ?

4. — Un marchand a vendu une 1re fois 1^{Dm} 6^m de toile, une 2e fois $36^m,50$, une 3e fois 146 décimètres. Combien a-t-il vendu de mètres ?

5. — Pour aller à l'école, un enfant a 3 rues à parcourir : la 1re de $2^{Hm},6^m$, la 2e de 18 décamètres, la 3e de 536 mètres. Quelle distance, en mètres, parcourt-il pour aller à l'école ?

6. — Un voyageur ayant à parcourir 36^{Km} 4^{Dm} a déjà parcouru 254 hectomètres. Combien lui reste-t-il à parcourir : 1° en kilomètres, 2° en hectomètres, 3° en décamètres, 4° en mètres ?

7. — Une pièce de drap contenait $36^m,75$; on en a vendu $1^{Dm},5^m$, puis $2^m,40$, puis 85 décimètres. Combien de mètres reste-t-il dans la pièce ?

8. — Une pièce de velours contenait $46^m,80$; on en a détaché 15 coupons de $2^m,75$ chacun. Quelle longueur reste-t-il : 1° en mètres, 2° en décimètres ?

9. — Un entrepreneur a 3 tronçons de routes à empierrer à raison de $135^f,60$ l'hectomètre. Le 1er a $2^{Km},4^{Hm}$, le 2e 356^{Dm}, le 3e 5 876 mètres. Combien doit-il recevoir ?

10. — Que doit recevoir un marchand qui a vendu $1^{Dm},75$ de drap à $8^f,45$ le mètre et $58^m,40$ de calicot à $0^f,65$ le mètre ?

11. — Combien valent ensemble 136 décimètres de ruban rouge à $0^f,75$ le mètre et 6 mètres et demi de ruban blanc à $0^f,90$ le mètre ?

Problèmes de revision.

1. — Un homme fume pour 0^f,25 de tabac par jour. Combien dépense-t-il ainsi par an?

2. — Une pièce de velours achetée 456^f a été revendue 632^f,50. Quel est le bénéfice?

3. — Quelle est, en mètres, la longueur totale de 2 pièces de toile ayant la 1re 2^{Dm},6^m, la 2e 364 décimètres?

4. — Quel est le prix de 7^m,80 de ruban à 0^f,15 le décimètre?

5. — Combien valent 28 paires de poulets à 2^f,05 le poulet?

6. — J'ai acheté une pièce de 2^{Hl},25 de vin à 40^f l'hectolitre. A combien me revient ce vin si j'ai eu 12^f,75 de frais?

7. — Une pièce d'étoffe coûte 106^f,80 d'achat et 2^f,45 de transport. A combien reviennent 27 pièces semblables?

8. — Un mouchoir coûte 0^f,65. Combien coûtent 15 douzaines?

9. — Un ouvrier a travaillé 106 jours chez un propriétaire à raison de 3^f,50 par jour. Il a reçu 200^f. Combien lui est-il dû encore?

10. — Un marchand a acheté 78 hectolitres de vin à 12^f,50 l'hectolitre; il l'a revendu 18^f,40 l'hectolitre. Quel est son bénéfice?

11. — On a acheté 860 bourrées à 0^f,15 l'une. On donne en payement un billet de 100^f et un billet de 50^f. Quelle somme revient-il?

12. — On achète une douzaine de crayons pour 0^f,40; on les revend 0^f,05 la pièce. Quel est le bénéfice sur 15 douzaines?

13. — Dans une famille, le père gagne 5^f,25 pour chaque jour de l'année, le fils gagne 78^f,50 par mois. Combien gagnent-ils ensemble par an?

14. — Que coûtent 8^m,80 de flanelle à 3^f,50 le mètre et 4^m,20 de ruban à 0^f,80 le mètre?

15. — Une fermière a vendu 10 paires de poulets à 1^f,75 l'un et 12 autres paires à 2^f,05 l'un. Combien a-t-elle reçu?

16. — Compléter la facture suivante :

1^{Hl},50 de blé à 16^f,50 l'hectolitre . . . .
6 doubles décalitres de graine de vesce à 1^f,50 le ^{Dl}. . . . .
80 kilog. de son à 0^f,15 le kilog. . . . .

Total. . . . .

17. — Dans une famille, on mange par jour 3 kilog. de pain à 0^f,28 le kilog., et on boit 2 litres de vin à 0^f,35 le litre. Quelle est la dépense par semaine?

Problèmes de revision.

1. — Un employé gagne 6ʳ,70 par jour de travail. Que gagne-t-il par an s'il travaille 304 jours?

2. — Un mètre de drap vaut 12ʳ,45. Combien faudrait-il le revendre pour gagner 1ʳ,85?

3. — Un marchand a vendu 3ᴰᵐ de calicot pour 24ʳ,50 et 5ᴰᵐ,8 mètres d'une autre qualité pour 44ʳ,80. Combien a-t-il vendu de mètres de calicot? Combien a-t-il reçu?

4. — Un grainetier a acheté 16ᵐ,2ᴰˡ d'avoine pour 130ʳ; il en a vendu 750 litres pour 70ʳ,50. Combien lui reste-t-il d'hectolitres? Pour quelle somme?

5. — Quelle est la dépense faite par un élève qui a acheté 1 livre pour 1ʳ,20, un autre pour 0ʳ,80, 4 cahiers à 0ʳ,15 le cahier et un crayon de 0ʳ,10?

6. — Un homme qui gagne 1 370ʳ par an dépense 94ʳ,60 par mois. Combien lui reste-t-il par an?

7. — Un employé gagne 1 800ʳ par an. Il veut économiser 0ʳ,50 par jour. Combien peut-il dépenser?

8. — Un ouvrier qui travaille 306 jours par an, gagne 3ʳ,25 par jour. Que lui reste-t-il au bout de l'année s'il dépense 875ʳ?

9. — Une famille gagne 5ʳ,50 par jour et dépense 3ʳ,85. Combien économise-t-elle dans une semaine de 6 jours de travail?

10. — Dans une ferme on mange par jour 3 pains de 5 kilog. à 0ʳ,24 le kilog. Calculer la dépense pour une année.

11. — Pour faire une chemise, il faut 2ᵐ,30 de toile à 1ʳ,50 le mètre. La façon et les fournitures s'élevant à 2ʳ,60, à combien revient une douzaine de chemises?

12. — Un peintre a peint 8 portes à raison de 3ʳ,60 l'une et 24 fenêtres à raison de 2ʳ,75 l'une. Combien lui est-il dû?

13. — Un ouvrier qui travaille 305 jours par an gagne 4ʳ,25 par jour et dépense 3ʳ,25. Quelle est son économie par an?

14. — Compléter la facture suivante :

15 kilog. de sucre à 1ʳ,05 le kilog.		. . . .
7 kilog.,5 de café à 3ʳ,25 le kilog.		. . . .
100 kilog. de sel à 0ʳ,15 le kilog.		. . . .
50 kilog. de riz à 0ʳ,65 le kilog.		. . . .
18 kilog. de miel à 1ʳ,60 le kilog.		. . . .
Total.		. . . .
Remise.		2ʳ,45
Reste dû.		. . . .

Problèmes de revision.

1. — Quel est le prix de $1^{Hm},6^m$ de ruban à $0^f,75$ le mètre?

2. — Un employé d'omnibus a reçu $86^f,75$ dans sa journée. Sachant qu'il a reçu $22^f,95$ le matin, combien a-t-il reçu le soir?

3. — Une bouteille contient $0^l,75$. Combien de litres contiennent 430 bouteilles de même grandeur?

4. — Quel est le prix de vente d'un bœuf, sachant qu'on l'a acheté 256^f, qu'on a dépensé $26^f,80$ pour le nourrir et qu'on l'a revendu avec un bénéfice de $36^f,50$?

5. — Un marchand avait $62^m,50$ de drap; 10 mètres étant avariés, il a vendu le reste $10^f,50$ le mètre. Combien a-t-il reçu?

6. — Un commerçant a acheté une pièce de 100 mètres de toile à $1^f,85$ le mètre; il l'a revendue $248^f,50$. Combien a-t-il gagné?

7. — Une vache a donné par jour, pendant 30 jours, 15 litres de lait vendu $0^f,20$ le litre. Combien cette vache a-t-elle rapporté?

8. — On a acheté une pièce de 218 litres de vin pour 80^f. On a revendu ce vin $0^f,70$ le litre. Quel est le bénéfice?

9. — Un ouvrier économise $3^f,80$ par semaine. Quelle somme aura-t-il économisée en 10 ans?

10. — Quelle est la recette faite par un employé d'omnibus qui a reçu le prix de 135 places d'intérieur à $0^f,30$ et de 409 places d'impériale à $0^f,15$?

11. — Une ouvrière a travaillé 25 jours dans un magasin à raison de $3^f,65$ par jour. Elle y a acheté $18^m,50$ de calicot à $0^f,85$ le mètre. Combien doit-elle recevoir en argent?

12. — Un homme dépense $3^f,85$ par jour pour son entretien et 15^f par mois pour son logement. Combien dépense-t-il par an?

13. — Un patron occupe 36 ouvriers. 20 gagnent $4^f,45$ par jour et les autres $3^f,50$ chacun. Quelle somme lui faut-il par jour pour les payer?

14. — Une ménagère va au marché avec 15^f. Elle achète 15 litres de petits pois non écossés à $0^f,15$ le litre, 4 bottes de radis à $0^f,15$ la botte et un gigot de $2^{kg},95$ à $2^f,40$ le kilog. Quelle somme rapporte-t-elle?

15. — Pour meubler un appartement, on a acheté une douzaine de chaises à $5^f,80$ la pièce, 2 fauteuils à $48^f,60$ l'un, 3 tapis à $6^f,75$ l'un, une armoire pour 174^f et un table pour 86^f. A combien s'élève la dépense?

16. — Combien y a-t-il de secondes dans 6 heures 48 minutes?

Problèmes de revision.

1. — Que valent ensemble un demi-décamètre et un demi-mètre de drap à 10^f,75 le mètre ?

2. — Un marchand a porté 24 fois le demi-mètre pour mesurer une étoffe. Quelle est la longueur de cette étoffe ? Quelle en est la valeur à raison de 2^f,15 le mètre ?

3. — Une fontaine donne 34^l,5 d'eau par minute. Combien d'hecto-litres donne-t-elle par heure ?

4. — Un marchand de meubles achète 48 chaises à 3^f,15 la pièce. Combien doit-il payer ? Quel est son bénéfice s'il les revend 180^f ?

5. — D'une pièce de vin de 250 litres on a retiré 190 bouteilles de 0^l,85. Combien de litres reste-t-il dans la pièce ?

6. — Un rentier a 476 litres de vin rouge et 315 bouteilles de 0^l,65 de vin blanc. Combien a-t-il de litres de vin ?

7. — Un boucher a un porc qui lui coûte 86^f ; il en a retiré 74 kilog. de viande qu'il a vendue 1^f,20 le kilog. et 12^f,60 de charcuterie. Quel est son bénéfice ?

8. — Une fermière a 164 poules qui lui coûtent chacune 0^f,035 par jour. Combien ces poules lui coûtent-elles par an ?

9. — Une fermière vend 38 douzaines d'œufs à 0^f,75 la douzaine et 27 kilog. de beurre à 2^f,80 le kilog. Combien a-t-elle reçu ? Si sur cette vente elle a dépensé 18^f,60, combien lui reste-t-il ?

10. — Un ouvrier gagne 1 500^f par an. Il dépense 2^f,50 par jour pour sa nourriture, 245^f pour son loyer et son entretien et 135^f,60 pour dépenses diverses. Que lui reste-t-il ?

11. — Dans une famille, le père gagne 4^f,75 par jour de travail, la mère 2^f,50, le fils 3^f,40. Quel sera le gain de cette famille au bout d'un mois de 26 jours de travail, et quelle sera l'économie si la dépense s'élève pendant le mois à 238^f ?

12. — Un colporteur achète les crayons à raison de 0^f,35 la douzaine. Il les revend 0^f,05 pièce. Quel sera son bénéfice lorsqu'il en aura vendu une grosse (12 douzaines) ?

13. — Un marchand a acheté 186 mètres de toile à 1^f,60 le mètre ; il en vend 5 doubles décamètres à 2^f le mètre, et le reste à 2^f,10 le mètre. Quel est son bénéfice ?

14. — Une marchande achète 28 douzaines d'oranges à 1^f,20 la douzaine. Elle en trouve 38 qui sont gâtées ; elle revend les autres 0^f,20 la pièce. Quel est son bénéfice ?

SYSTÈME MÉTRIQUE

Lecture, écriture et conversion des mesures de poids.

tonnes.	quintaux.	Myriag.	Kilog.		Kilog.	Hectog.	Décag.	gramme.	décig.	centig.	millig.
5	4	3	8^{Kg}		2	6	0	1^{g},9	7	8	

Apprendre séparément les deux tableaux ci-dessus : 1° de gauche à droite ; 2° de droite à gauche.

Pour chacun d'eux, avec les chiffres seuls placés au tableau noir, procéder aux deux exercices suivants :

1° Que représentent le 4, le 5, etc.?

2° Montrer vivement le chiffre des décagr., etc.

Ces exercices sus, la lecture et l'écriture des nombres se feront sans difficulté.

LECTURE. — Ex. : 2^{Kg},25   2 kilog.,25 décag.

(1)	4^{Kg},625	2^{Kg},60	18^{Kg},4	6^{Hg},45
(2)	12^{Hg},6	4^{Dg},6	75^{Dg},32	98^{Dg},035
(3)	106^{Kg},05	309^{Hg},605	491^{Dg},8	8^{Kg},075
(4)	2^{q},46	8^{q},4	6^{Mg},4	8^{Mg},35
(5)	3^{t},585	17^{t},75	25^{t},6	49^{q},675
(6)	6^{Kg},79	108^{q},3	185^{t},6	816^{Mg},9

ÉCRITURE. — Les élèves placeront les chiffres sous un tableau des ordres.

(7)	3^{Kg},4^{Hg}	8^{Kg},25^{g}	12^{Kg},3^{Dg}	38^{Dg},5^{g}
(8)	75^{Dg},38^{dg}	7^{Hg},26^{g}	85^{Hg},4^{Dg}	76^{Hg},5^{g}
(9)	4^{Mg},7^{Kg}	15^{Mg},9^{Hg}	36^{q},25^{Kg}	12^{q},3^{Kg}
(10)	179^{q},8^{Mg}	6^{t},5^{q}	39^{t},35^{Kg}	19^{t},48^{Mg}

CONVERSION. — Il suffit de placer la virgule à droite de l'unité demandée en faisant emploi de zéros, à droite ou à gauche.

Les élèves se serviront avec avantage, dans les conversions, du tableau des ordres.

Convertir en kilog.	4^{Mg}	6^q	12^{Hg}	75^g
— en quintaux	15^t	187^{Kg}	38^{Kg}	$6^{Kg},5^{Hg}$
— en tonnes	18^q	375^{Kg}	$4^q,6^{Kg}$	785^{Mg}
— en kilog.	485^g	218^{Dg}	7025^g	$6^t,4^q$
— en grammes	6^{Kg}	$3^{Kg},800^g$	$5^{Kg},4^{Dg}$	72^{dg}
— en décigrammes	48^g	8^{Hg}	735^{mg}	85^{cg}

Combien font :

1º	$6^q,75^{Kg} + 1875^g + 3^{Hg},20^g.$	Exprimer le résultat en kilog.
2º	$78^q,4^{Kg} + 18^t,25 + 6^{Mg},9 + 4830^{Kg}.$	—	en quintaux.
3º	$6^{Kg},75 + 45^{Hg},9 + 35^{Dg},25^{dg} + 348^{dg}.$	—	en grammes.
4º	$675^{Kg} + 189^g + 6^{Mg},4^{Kg} + 93^{Kg}.$	—	en tonnes.

Combien font :

1º	$8^{Kg},6^{Dg} - 3^{Hg},6^g.$		—	en grammes.
2º	$281^g - 73^g,6$	$4^t - 18^q.$	—	en kilog.
3º	$6^{Kg},3 - 375^g$	$735^{Dg} - 1^{Kg},35^g.$	—	en hectog.
4º	$480^{dg} - 3^g,75$	$4^g - 876^{mg}.$	—	en décag.

Problèmes.

1. — On a acheté deux pains de sucre pesant l'un 92^{Hg} et l'autre 7 285 grammes. Quel est leur poids total en kilog. ?

2. — Combien pèse en kilog. une somme composée de 208 pièces de 5^f en argent ?

3. — Un vase vide pèse 38 décagrammes. Plein d'eau, il pèse $3^{Kg},750$. Quel est le poids de l'eau ?

4. — Quel est le prix d'un gigot de 3 850 grammes à raison de $2^f,40$ le kilog. ?

5. — Un double décalitre de blé pesant $15^{Kg},550$, quel est le poids d'un hectolitre ?

6. — Quel est le prix de 45 paquets de bougies pesant chacun 500 grammes, à raison de $1^f,85$ le kilog.?

7. — Un quintal de charbon valant $4^f,20$, quel serait le prix de 10 tonnes de ce charbon ?

8. — Une personne mange environ 46 décagrammes de pain par jour. Combien de kilog. de pain mangerait par semaine une famille de 5 personnes ? Quel serait le prix de ce pain à raison de $0^f,28$ le kilog. ?

9. — Un épicier a reçu une caisse de sucre pesant $48^{Kg},4$. La caisse et l'emballage pesant seuls 36^{Hg}, quelle est la valeur du sucre à raison de $1^f,10$ le kilog.?

10. — 2 paquets de café pèsent l'un $6^{Kg},50^g$, l'autre 724^{Dg}. Quel est le prix de ce café à raison de 3^f 70 le kilog.

ARITHMÉTIQUE

Division des nombres décimaux.
Le diviseur n'a qu'un chiffre. Quotient décimal.

EXEMPLES.

```
6 8      | 7
  5 0    | 9 , 7 1
    1 0  |
      3  |
```

1º La division de 68 par 7 donne au quotient 9 unités, et pour reste 5 unités ou 50 dixièmes. En divisant 50 dixièmes par 7, on obtient au quotient des dixièmes, que l'on sépare des unités par une virgule, etc.

```
3 6 , 4 5  | 5
    1 4    | 7 , 2 9
      4 5  |
        0  |
```

2º La division de 36 par 5 donne au quotient 7 unités, et pour reste 1 unité ou 10 dixièmes. 10 dixièmes et 4 que l'on abaisse font 14 dixièmes. En divisant 14 dixièmes par 5, on obtient des dixièmes, etc.

RÈGLE. — Pour avoir au quotient des dixièmes, des centièmes, etc., on continue la division en abaissant des zéros ou les chiffres décimaux du dividende. On met une virgule au quotient dès que l'on abaisse le 1ᵉʳ zéro ou le 1ᵉʳ chiffre décimal.

```
4 , 5    | 6
  3 0    | 0 , 7 5
    0    |
```

RÈGLE. — Lorsque le dividende est plus petit que le diviseur, on met un zéro au quotient pour représenter les unités, et l'on continue la division.

REMARQUE. — *Pour chaque chiffre abaissé à la suite, il faut un chiffre au quotient.*

EXERCICES. — Effectuer les divisions suivantes, jusqu'aux millièmes s'il y a lieu.

(1)	76 : 8 =	69 : 4 =	73 : 8 =	85 : 9 =
(2)	51 : 6 =	125 : 7 =	809 : 5 =	568 : 3 =
(3)	23,55 : 3 =	53,6 : 8 =	163,854 : 6 =	53,45 : 9 =
(4)	33,4 : 4 =	108,72 : 5 =	356,4 : 7 =	490,7 : 2 =
(5)	720,6 : 7 =	406,8 : 6 =	74,475 : 9 =	906,35 : 8 =
(6)	4,77 : 9 =	3,475 : 7 =	0,972 : 4 =	1,486 : 8 =
(7)	3,6 : 6 =	0,875 : 5 =	8,705 : 9 =	4,006 : 7 =

Problèmes.

1. — Un ouvrier a gagné 28^f,50 en une semaine de 6 jours. Combien a-t-il gagné par jour?

2. — Pour 7^f,40, j'ai eu 4 kilog. de viande. A combien me revient le kilogramme?

3. — Si 9 hectolitres de vin coûtent 358^f,20, quel est le prix d'un hectolitre?

4. — 7 paquets d'épicerie de même poids pèsent 14^{kg},595. Quel est le poids d'un paquet : 1° en kilog. ; 2° en décag. ; 3° en grammes ?

5. — 8 hectolitres de houille pesant 5^q,8^{Mg}, quel est, en kilog., le poids d'un hectolitre ?

6. — J'ai acheté 3 fûts de vin pour 144^f. J'ai payé 5^f,75 de droits et 6^f,60 de port. A combien me revient un fût?

7. — Un marchand a acheté 6 mètres de drap pour 76^f,80. Combien doit-il revendre le mètre s'il veut gagner 1^f,85 par mètre ?

Règle de trois.

Cette règle s'appelle ainsi parce qu'elle se fait avec 3 nombres donnés.

Exemple : 4 chapeaux coûtant 18^f, combien coûtent 9 chapeaux?

Le raisonnement s'effectue en 3 lignes :

1re *lig*. Se trouve dans l'énoncé :   *4 chapeaux coûtent 18^f.*

2e *lig*. Calculer le résultat pour 1 : *1 chapeau coûte 4 fois moins ou $\dfrac{18^f}{4}$.*

3e *lig*. Calculer le résultat pour 9 : *9 chapeaux coûtent 9 fois plus ou*

$$\frac{18^f \times 9}{4} = 40^f,50.$$

Pour calculer la réponse, on multiplie 18 par 9, et l'on divise le résultat 162 par 4.

8. — 6 couteaux coûtent 6^f,25. Combien coûtent 12 couteaux?

9. — 8 kilog. de sucre coûtent 9^f,60. Combien coûtent 18^{kg},5 ?

10. — Un ouvrier gagne 31^f,20 dans une semaine de 6 jours de travail. Combien gagne-t-il par an, s'il travaille 304 jours ?

11. — 9 ouvriers ont fait 67^m,50 d'ouvrage. Combien 38 ouvriers en feraient-ils?

12. — 7 bidons contiennent 51^l,80 de pétrole. Combien 18 bidons de même grandeur en contiendraient-ils ?

ARITHMÉTIQUE

Division par 10, 100, 1000

35 : 10 $\quad= 35$ *dixièmes* ou **3,5**.
614,5 : 100 $= 614$ *centièmes* 5 ou **6,145**.
65 : 1000 $\quad= 65$ *millièmes* ou **0,065**.

RÈGLE. — Pour diviser un nombre par 10, par 100, par 1 000, on sépare sur la droite un, deux, trois chiffres décimaux si c'est un nombre entier; on déplace la virgule de un, deux ou trois rangs vers la gauche si c'est un nombre décimal.

$$34 \times 0,1 = 3,4 \qquad\qquad 6 : 0,01 = 600$$

RÈGLES. — I. Pour multiplier un nombre par 0,1, 0,01, etc., on divise ce nombre par 10, par 100, etc.

II. Pour diviser un nombre par 0,1, 0,01, 0,001, etc., on multiplie ce nombre par 10, 100, 1000, etc.

EXERCICES. — Diviser par 10 :

(1) 35	640	6	78,5	13,25
(2) 4,5	0,34	80,75	0,072	7,75

Diviser par 100 :

(3) 385	76	8	435,5	29,75
(4) 6,04	0,75	0,09	873,5	30,40

Diviser par 1000 :

(5) 5847	588	79	7	3805,4
(6) 736,70	82,30	9,08	0,75	0,08

Effectuer les opérations suivantes :

(7) $45 \times 0,1$	$4,85 \times 0,1$	$372 \times 0,01$	$7,5 \times 0,01$
(8) $3 : 0,1$	$4,60 : 0,1$	$8 : 0,01$	$4,30 : 0,01$
(9) $0,5 \times 0,001$	$0,4 : 0,001$	$78 \times 0,001$	$4,05 : 0,001$

Problèmes.

1. — 10 kilog. de beurre coûtent 25^f. Combien coûte un kilog. ?

2. — 100 tonneaux de même grandeur contiennent ensemble 6 250 litres. Quelle est la contenance d'un tonneau ?

3. — 1 000 litres de cidre valent 150^f. Combien vaut un litre ?

4. — Un hectolitre d'alcool valant 325^f, quel est le prix d'un litre ?

5. — Un décamètre de drap a été payé 157^f,70. Combien a-t-on payé le mètre ?

6. — Un quintal de sel revenant à 8^f, à combien revient le kilog. ?

7. — Une tonne de houille vaut 43^f. Quel sera le prix du kilog. ?

8. — Un particulier a acheté 100 ares de terrain pour 2 785^f. A combien lui revient l'are, s'il a eu 68^f,40 de frais ?

9. — Un épicier a acheté un quintal de café pour 350^f. A combien lui revient le kilog., si on lui a fait une remise de 10^f,50 ?

10. — Un mètre de drap vaut 8^f,40. Combien valent 0^m,1 ; 0^m,45 ?

Règle de trois appliquée au tant pour cent à l'intérêt.

EXEMPLE : Combien peut rapporter une somme de 740^f placée à 4 0/0 ?

Le nombre 4 0/0 se lit 4 pour cent, et signifie que 100^f rapportent 4^f.

100^f rapportent   4^f.

1^f rapporte 100 fois moins ou $\dfrac{4^f}{100}$.

740^f rapportent 740 fois plus ou $\dfrac{4^f \times 740}{100} = 29^f,60.$

Le résultat, 29^f,60, est l'intérêt de 740^f.

11. — Calculer l'intérêt de 860^f à 5 0/0.

12. — Calculer l'intérêt de 85^f à 4 0/0.

13. — Calculer l'intérêt de 7 420^f à 3 0/0.

14. — Calculer l'intérêt de 965^f à 4,5 0/0.

15. — Calculer l'intérêt de 580^f à 3,5 0/0.

16. — Le lait contient 15 0/0 de crème. Combien 60 litres de lait peuvent-ils donner de litres de crème ?

17. — Le colza donne en huile 25 0/0 de son poids. Combien 176 kilog. de colza peuvent-ils donner de kilog. d'huile ?

SYSTÈME MÉTRIQUE

Relations entre les capacités et les poids.

Un litre d'eau pèse un **kilogramme.**

En conséquence :

15 litres d'eau pèsent 15 kilog.; 75^{cl} ou 0^l,75 pèsent 0^{kg},75, etc.

Réciproquement :

Un kilog. d'eau représente **un litre.**
8 kilog. d'eau représentent 8^l; 8^{dg} ou 0^{kg},08 représentent 0^l,08, etc.

EXERCICE ORAL. — Combien pèsent : 1^l d'eau, 7^l, 15^l, 70^l, un décalitre, un double décalitre, un hectolitre, un demi-hectolitre?

Combien de litres représentent : 1 kg. d'eau, 6 kg., 18 kg., 600 kg., un myriag., un quintal, une tonne?

EXERCICES ÉCRITS. — Combien pèsent (transformer en litres qui font autant de kilog.) :

6^l,40 d'eau	4^{Dl},5	1^{Hl},08	4^{Hl},6^{Dl}	6^{Hl},5^l
0^l,80 d'eau	5^{dl}	30^{cl}	78^{cl}	35^{ml}, etc.

Combien de litres représentent (transformer en kilog. qui font autant de litres) :

6^{Kg},400^g d'eau	2^{Mg},4	1^q,60	2^t,600	6^t,5^q
0^{Kg},45	8^{Hg},60	4^{Dg},25	615^{Hg},4	175^g, etc.

II. Effectuer les divisions suivantes, jusqu'aux millièmes s'il y a lieu.

(1)	375 : 7	540,5 : 8	27,4 : 4	876 : 10
(2)	0,405 : 9	36 : 100	85,750 : 5	47,540 : 3
(3)	8,5 : 1000	3,067 : 5	2,548 : 7	115,8 : 9
(4)	0,972 : 6	18,5 : 7	4,65 : 100	63,4 : 5
(5)	4,75 : 8	0,85 : 10	209,8 : 6	6,40 : 7
(6)	7660 : 1000	50,50 : 9	1,648 : 4	740 : 8

Problèmes.

1. — Un vase contient $4^{Kl},50$ d'eau. Quelle est la capacité de ce vase?

2. — Un vase vide pèse 850 grammes. On y met un litre d'eau. Combien pèse-t-il ensuite?

3. — Un vase vide pèse 485 grammes. On y met 4 décilitres d'eau. Combien pèse-t-il ensuite?

4. — Un fût d'un hectolitre pèse, vide, $12^{Kg},4^{Hg}$. On l'emplit d'eau. Combien pèse-t-il ensuite?

5. — Un vase vide pèse $1^{Kg},50^g$; plein d'eau, il pèse $7^{Kg},8^{Dg}$. Quel est le poids de l'eau? Quelle est la capacité du vase?

6. — Dans un vase de 5 litres on verse $2^{Kg},500$ d'eau. Combien pourrait-on encore verser de décilitres pour le remplir?

7. — Pour confectionner 3 paires de rideaux, une ménagère a acheté $17^m,10$ de mousseline. Quelle sera la longueur d'un rideau?

8. — 5 paires de rideaux ont coûté $18^f,20$ d'achat et $4^f,45$ de confection. A combien revient un rideau?

9. — 2 pains de $2^{Kg},5$ chacun ont coûté $1^f,40$. Quel est le prix d'un kilog. de pain?

10. — Pour faire une demi-douzaine de chemises on a employé 15 mètres de toile à $1^f,60$ le mètre. A combien revient une chemise?

11. — On a acheté un quintal de haricots pour 48^f. A combien revient un kilog. de ces haricots, si l'on a obtenu une remise de $2^f,40$?

12. — Dans un vase qui pèse, vide, 900 grammes, on a mis $1^l,2$ d'eau. Combien faudrait-il de pièces de 2^f pour peser le même poids?

13. — 6 moutons ayant été vendus 111^f, combien 26 moutons auraient-ils été vendus?

14. — 10 mètres de mousseline coûtant $8^f,50$, on demande le prix de $4^{Dm},54$ de cette mousseline.

15. — Un robinet donne 105 litres d'eau en 7 minutes. Combien d'hectolitres peut-il donner par heure?

16. — 15 hectolitres de vin ayant coûté $352^f,50$, combien en aurait-on de litres pour un billet de 500^f?

17. — J'ai prêté $1\,560^f$ à 4 0/0. Combien cette somme me rapportera-t-elle d'intérêt?

18. — Le blé donne 75 0/0 de son poids de farine. Combien un hectolitre de blé du poids de 80^{Kg} peut-il donner de kilog. de farine?

SYSTÈME MÉTRIQUE

Surfaces.

Les mesures de surface sont des carrés. Aucune n'existe comme objet:

L'unité principale des mesures de surface est le **mètre carré**.

Un mètre carré (**mq** ou **m²**) est un carré qui a 1 mètre de côté. Les *multiples* du mètre carré sont :

> le **décamètre carré (Dmq)**,
> l'**hectomètre carré (Hmq)**,
> le **kilomètre carré (Kmq)**,
> le **myriamètre carré (Mmq)**.

Ces mesures ne sont employées que pour désigner de grandes étendues. Pour les petites et les moyennes surfaces, on dit 100 mètres carrés, 1000 mq, etc.

Les *sous-multiples* du mètre carré sont :

> le **décimètre carré (dmq)**, qui a un décimètre de côté ;
> le **centimètre carré (cmq)**, qui a un centimètre de côté ;
> le **millimètre carré (mmq)**, qui a un millimètre de côté.

Le maître pourra tracer à la craie, sur le sol de la classe, un mètre carré qu'il divisera en décimètres carrés. Les élèves en compteront 100. Il montrera un dmq (en papier ou en carton) divisé en cmq.

Le mètre carré vaut **100** décimètres carrés.

Le décimètre carré vaut **100** centimètres carrés, etc.

QUESTIONNAIRE. — Quelle est la forme des mesures de surface? — Existent-elles comme objets? — Quelle est l'unité principale des mesures de surface? — Qu'est-ce que le mètre carré? — Citez les multiples du mètre carré. — Les sous-multiples. — Combien le mètre carré vaut-il de décimètres carrés? — Le dmq de cmq? — Le cmq de mmq? — Combien un mq vaut-il de cmq, de mmq? — Combien un dmq vaut-il de mmq?

EXERCICES ÉCRITS. — Les élèves remarqueront que chaque unité de surface s'écrit avec **2 chiffres**.

mq	dmq	cmq	mmq
156^{mq},	05	38	60

I. Apprendre le tableau ci-contre : 1° de gauche à droite; 2° de droite à gauche.

II. Avec les chiffres seuls écrits au tableau noir, les élèves montreront le groupe de l'unité demandée.

Ces exercices sus, la lecture et l'écriture se feront sans difficulté.

LECTURE. — Lire les nombres suivants. Ex. : $6^{mq},40^{dmq}\,50^{cmq}$.

(1)　$6^{mq},4050$	$0^{mq},35$	$0^{mq},4354$	$18^{mq},0038$
(2)　$172^{mq},3$	$25^{mq},004538$	$0^{mq},000035$	$6^{dmq},35$

Les exercices de lecture, d'écriture, de conversion seront continués au tableau noir.

ÉCRITURE. — Écrire les nombres suivants :

1o　$4^{mq},6^{dmq}$	$15^{mq},40^{dmq}\,35^{cmq}$	$0^{mq},75^{cmq}$	
2o　$760^{mq},4^{dmq}\,6^{cmq}$	$18^{dmq},35^{mmq}$	$12^{mq},4^{dmq}\,5^{cmq}\,6^{mmq}$, etc.	

CONVERSION. — Il suffit de placer la virgule à droite de l'unité demandée en faisant emploi de zéros, à droite ou à gauche.

Transformer en dmq	175^{mq}	$8^{mq},45^{dmq}$	84^{cmq}
— en cmq	6^{mq}	$2^{mq},5^{dmq}$	16^{dmq}
— en mq	125^{dmq}	48^{dmq}	$748^{dmq},50^{cmq}$

Effectuer les opérations suivantes :

1o $6^{mq} + 45^{dmq} + 8^{mq},6^{dmq} + 48^{cmq}$.	Exprimer le résultat en mq.	
2o $1540^{mq},60 + 0^{mq},36 + 8^{dmq},45 + 87^{cmq}$.	— en dmq.	
3o $48^{mq} — 185^{dmq}$　　$748^{dmq} — 4^{mq},25$.	— en cmq.	
4o $78300^{cmq} — 346^{dmq}$　　$18^{mq},05 — 448^{dmq}$.	— en mmq	

Problèmes.

1. — Que coûtent $18^{mq},6^{dmq}$ de peinture à $0^{f},60$ le mètre ?

2. — Dans un jardinet de 175 mètres carrés, les allées occupent une surface de 3 680 dmq. Quelle étendue reste-t-il à cultiver ?

3. — Que coûte une toile cirée de 1^{mq} et demi, à raison de $0^{f},08$ le décimètre carré ?

4. — Un carreau a une surface de 8 décimètres carrés. Quel en est le prix à raison de $4^{f},50$ le mètre carré ?

5. — 6 carreaux ont ensemble une surface de $37^{dmq},50$. Quelle est la surface d'un carreau ?

6. — 2 tapis ont, l'un $4^{mq},25$ et l'autre 140^{dmq}. Quel est le prix de ces 2 tapis à raison de $6^{f},80$ le mq ?

7. — Pour carreler une salle de 26 mètres carrés, combien faut-il de carreaux de 2 décimètres carrés ?

8. — Pour vitrer une maison, il faut 100 carreaux de chacun 6 dmq. Combien coûtera le vitrage de cette maison si les vitres coûtent $4^{f},50$ le mètre carré et la pose $16^{f},80$?

GÉOMÉTRIE

Surface et périmètre du carré.

1	2	3
4	5	6
7	8	9

Ce carré a 3 centimètres de côté. Il est divisé en centimètres carrés. Il en vaut 9.
C'est exactement le résultat de 3×3.

RÈGLE. — Pour trouver la *surface* d'un **carré**, on multiplie son côté par lui-même.

Le périmètre de ce carré est de $3^{cm} + 3^{cm} + 3^{cm} + 3^{cm}$ ou $3^{cm} \times 4 = 12^{cm}$.

RÈGLE. — Pour trouver le *périmètre* d'un carré, on multiplie la longueur de son côté par 4.

EXEMPLE : **Calculer la surface et le périmètre d'un carré de $2^m,50$ de côté?**

La surface est de $2^m,50 \times 2^m,50 = 6^{mq},25$.
Le périmètre est de $2^m,50 \times 4 = 10$ mètres.

Exercices et Problèmes.

1. — Calculer la surface d'un carré de 8^m de côté (résultat en dmq).
2. —   —   — de 25^m — (— mq).
3. —   —   — de 136^m — (— mq).
4. —   —   — de $1^m,25$ de côté (— dmq).
5. —   —   — de $18^m,75$ — (— mq).
6. —   —   — de $0^m,40$ — (— cmq).
7. — Calculer le périmètre d'un carré de 6 mètres de côté.
8. —   —   — de 108^m —
9. —   —   — de $2^m,60$ —
10. —   —   — de $28^m,80$ —
11. —   —   — de $0^m,15$ —

12. Calculer la surface et le périmètre d'un carré de 16^m de côté.

13. —   —   —   —   de 38^m,50   —

14. —   —   —   —   de 0^m,76   —

15. —   —   —   —   de 0^m,08   —

16. — Quelle est la valeur d'un jardin carré de 18^m,60 de côté à raison de 2^f,50 le mètre carré ?

17. — Un jardin carré de 75 mètres de côté est entouré d'une clôture qui revient toute posée à 1^f,40 le mètre. Quel est le prix de cette clôture ?

18. — Quelle est la valeur d'un tapis carré de 3^m,75 de côté à raison de 0^f,04 le décimètre carré ?

19. — Une salle de classe carrée a 7^m,60 de côté. Combien peut-elle contenir d'élèves, si chaque élève occupe une surface de 1 mètre carré ?

20. — Un massif carré a 1^m,50 de côté. On le garnit de fleurs à raison d'un pied par décimètre carré. Combien y a-t-il de pieds ?

21. — Pour paver une salle carrée de 8^m,40 de côté, combien faut-il de pavés de 4 décimètres carrés ?

22. — Quelle est la surface d'un carré ayant un périmètre de 38^m,80 ?

23. — Quelle est, en centimètres carrés, la surface d'une broderie qui a 0^m,46 de périmètre ?

24. — Au milieu d'un jardin de 872 mètres carrés, on a construit un pavillon carré de 3^m,25 de côté. Quelle surface reste-t-il à cultiver ?

25. — Au milieu d'un jardin carré de 40^m,70 de côté, on a construit un pavillon carré de 2^m,80 de côté. Quelle surface reste-t-il à cultiver ?

26. — Pour clôturer une vigne carrée de 65^m,20 de côté, on a employé 10 échalas par mètre. Quelle est la dépense, si l'échalas revient, tout posé, à 0^f,125 ?

27. — Dans une vigne carrée de 67 mètres de côté, on a mis un échalas par mètre carré. Calculer la dépense, si l'échalas revient, tout posé, à 0^f,09 ?

28. — On a vendu un pré carré de 68^m,80 de côté à raison de 0^f,45 le mètre carré. Avec l'argent que l'on a reçu, combien pourrait-on acheter d'agneaux à 10^f l'un ?

29. — On a acheté une cour carrée de 10 mètres de côté pour 450^f. A combien revient le mètre carré ?

30. — Une toile cirée a 1^m,80 de côté. Quelle en est la valeur, à raison de 4^f,80 le mètre carré et de 0^f,15 le mètre de bordure ?

31. — Un terrain carré a un périmètre de 125 mètres. Quelle en est la valeur, à raison de 2^f,40 le mètre carré ?

ARITHMÉTIQUE

Le diviseur a plusieurs chiffres.
Quotient décimal.

1 8 0	4 8		4 5 9 , 5 0	5 7
3 6 0	3 , 7 5		0 3 5 0	8 , 0 6
2 4 0			0 8	
0 0				

La marche à suivre est la même que lorsque le diviseur n'a qu'un chiffre (*voir page 124*).

EXERCICES. — Effectuer les opérations suivantes, jusqu'aux millièmes s'il y a lieu.

(*1*)	154,8 : 18.	171,25 : 25	26,01 : 34
(2)	1178,2 : 43	100,32 : 48	36,75 : 50
(3)	47,04 : 56	105,50 : 71	30,24 : 63
(4)	5880 : 75	498,56 : 82	442 : 97
(5)	152,76 : 19	581 : 27	1398,4 : 38
(6)	809 : 47	47,2 : 59	75 : 67
(7)	710,4 : 74	39 : 78	63,99 : 81
(8)	140 : 86	1739,1 : 93	25 : 96
(9)	658,36 : 109	760 : 115	431,2 : 154
(*10*)	304 : 272	5412 : 328	178 : 486
(*11*)	14245 : 518	547 : 649	346,86 : 738
(*12*)	2688 : 815	969,42 : 906	77988 : 970

Problèmes.

1. — On a acheté 16 moutons pour 297^f,60. Combien a-t-on payé chaque mouton?

2. — On a acheté 13 mètres de drap pour 166ᶠ,40. Quel est le prix d'un mètre?

3. — Une somme de 84ᶠ,50 a été partagée entre 26 pauvres. Combien chacun d'eux a-t-il eu?

4. — Un employé gagne 2 500ᶠ par an. Combien gagne-t-il : 1º par mois; 2º par semaine; 3º par jour?

5. — 26 pains de sucre pèsent ensemble 226ᴷᵍ,500. Quel est le poids d'un pain?

6. — 690 mètres carrés de terrain ont été payés 2 346ᶠ. Quel est le prix : 1º d'un mètre carré; 2º d'un dmq?

7. — En 28 jours une pension de 67 élèves a mangé 844ᴷᵍ,2 de pain. Quelle est la consommation : 1º par jour ; 2º par élève?

8. — 2 douzaines de mouchoirs ont coûté 16ᶠ,60. Quel est le prix d'un mouchoir?

9. — Une maison a 8 fenêtres de chacune 6 carreaux. La surface totale des carreaux étant de 13ᵐq,68, quelle est la surface de chacun?

10. — 8 bonbonnes contiennent chacune 8 litres,5 d'huile. Le poids de l'huile étant de 62ᴷᵍ,220, quel est, en kilog., puis en grammes, le poids d'un litre de cette huile?

11. — 35 fûts de bière ont coûté 650ᶠ d'achat et 8ᶠ,40 de transport. A combien revient un fût?

12. — On a acheté 218 litres de vin pour 87ᶠ,20. A combien revient un litre de bon vin, si l'on a trouvé 5 litres de lie?

13. — 100 mètres de terrain étant estimés 185ᶠ, combien payera-t-on pour 1 250 mètres de ce terrain?

14. — On a payé 34ᶠ,50 pour 115 litres de vin. Combien payerait-on pour un fût de 228 litres de ce vin?

15. — En 4 mois un ouvrier a gagné 378ᶠ,40. Combien gagnerait-il en un an et demi?

16. — On a payé 94ᶠ,50 pour 27 kilogrammes de café. Combien payerait-on pour un demi-quintal de ce café?

17. — Il faut 45 mètres de toile pour faire 3 douzaines de torchons. Combien de mètres faudrait-il pour faire 16 torchons?

18. — Quel intérêt peut rapporter une somme de 1 640ᶠ à 3,5 0/0?

19. — On a acheté du savon pour 84ᶠ. Combien doit-on payer si l'on a obtenu une remise de 4 0/0?

20. — La houille donne environ 60 0/0 de son poids de coke. Combien de kilog. de coke obtiendrait-on de 45 quintaux de houille?

SYSTÈME MÉTRIQUE

Mesures agraires.

Les *mesures agraires* servent à exprimer l'étendue des champs, des prés, des bois, etc.

L'unité principale est l'**are** (en abrégé **a**).

L'are est une mesure de surface qui vaut 100 mètres carrés.

Son seul *multiple* est l'**hectare (Ha)**, qui vaut 100 ares.

Son seul *sous-multiple* est le **centiare (ca)**, qui est 100 fois plus petit que l'are.

Le **centiare** a donc la **même étendue que le mètre carré**.

Il faut 100 centiares ou 100 mètres carrés pour faire un are.

Il faut 10 000 centiares ou 10 000 mètres carrés pour faire un hectare.

QUESTIONNAIRE. — A quoi servent les mesures agraires? — Quelle est l'unité principale? — Quel est son seul multiple?— Son seul sous-multiple? — Quelle est la mesure qui a la même étendue que le mètre carré?— Combien faut-il de centiares ou de mètres carrés pour faire un are? un hectare?

EXERCICE ORAL. — Combien d'ares valent : 1^{Ha}, 5, 6, 10, 18, 45^{Ha}? Combien de ca valent : 1^{a}, 5, 8, 12, 38^{a}. —— 1^{Ha}, 4, 6, 12, 25^{Ha}? Combien de mq valent : 1^{a}, 3, 7, 9, 24^{a}. —— 1^{Ha}, 5, 9, 10, 18^{Ha}?

EXERCICES ÉCRITS. — I. Apprendre le tableau ci-contre : 1° de gauche à droite; 2° de droite à gauche.

Ha	a	ca ou mq	dmq
510	35,	06	20

II. Avec les chiffres seuls écrits au tableau, désigner le groupe de l'unité demandée.

Ces exercices sus, la lecture et l'écriture se feront sans difficulté.

LECTURE. Lire les nombres suivants. Ex. : 0^{Ha},$6^{a}25^{ca}45^{dmq}$.

(1)	0^{Ha},062545	6^{a},25	0^{Ha},45	45^{ca},26
(2)	8^{a},04	15^{Ha},4	7^{Ha},0408	6^{a},8
(3)	17^{Ha},3060	0^{a},08	39^{ca},45	180^{Ha},0526, etc.

ÉCRITURE. — Écrire les nombres suivants :

(4)	15^{a},65^{ca}	4^{Ha},78^{a}	105^{ca},27^{dmq}	38^{a},6^{ca}
(5)	4^{Ha},$48^{a}5^{ca}$	29^{Ha},$6^{a}7^{ca}$	172^{a},45^{dmq}	5^{Ha},8^{ca}, etc.

CONVERSION. — Il suffit de placer la virgule à droite de l'unité demandée en faisant emploi de zéros à droite et à gauche.

Convertir en Ha	365ᵃ	59ᵃ,45	8506ᶜᵃ	35480ᵐ𝑞
— en a	18ᴴᵃ	0ᴴᵃ,4560	3540ᶜᵃ	85ᵐ𝑞
— en ca	72ᴴᵃ	24ᵃ	0ᴴᵃ,0485	15ᵃ,06
— en mq	15ᵃ	345ᴴᵃ	375ᶜᵃ	1ᴴᵃ,0425

Effectuer les opérations suivantes :

(1) 3ᵃ,25 + 1ᴴᵃ,45 + 625ᵐ𝑞   375ᵃ — 1ᴴᵃ,16ᵃ   (Résultats en ares).

(2) 0ᴴᵃ,48 + 375ᵃ + 48ᵐ𝑞   15ᴴᵃ,48 — 3316ᵐ𝑞 (—   en centiares).

(3) 5860ᵐ𝑞 + 3548ᵃ + 548ᶜᵃ   30840ᵐ𝑞 — 6ᵃ25 (—   en hectares).

(4) 3ᴴᵃ,48 + 491ᵃ + 675ᶜᵃ   45ᵃ — 3840ᶜᵃ   (—   en mq).

Problèmes.

1. — Deux vignes ont l'une 0ᴴᵃ,48ᵃ6ᶜᵃ, l'autre 1 470ᶜᵃ. Quelle est, en ares, l'étendue de ces deux vignes ?

2. — Un homme avait un pré de 3ᴴᵃ,7ᵃ ; il en a vendu 8 570ᵐ𝑞. Quelle étendue én centiares lui reste-t-il ?

3. — Quelle est la valeur de 4ᴴᵃ,35ᵃ de prairie à 35ᶠ,70 l'are ?

4. — J'ai acheté 7 086ᵐ𝑞 de terrain à raison de 2 400ᶠ l'hectare. Combien dois-je payer ?

5. — Un particulier avait un bois de 4ᴴᵃ,75ᵃ48ᶜᵃ. Il en a vendu le quart. Quelle étendue en ares lui reste-t-il ?

6. — Un plant de vigne occupe un espace de 1 mètre carré. Combien peut-on mettre de plants dans un terrain de 0ᴴᵃ,84 ?

7. — A 18ᶠ,40 l'are, combien doit-on payer pour 2 terrains ayant l'un 3ᴴᵃ,6ᵃ et l'autre 75ᵃ,45 ?

8. — Un terrain de 3ᵃ,60 a été payé 900ᶠ. Quel est le prix du mètre carré, puis de l'hectare ?

9. — 4ᴴᵃ de prairie ayant été payés 12 500ᶠ, combien payera-t-on pour 48ᵃ,50 ?

10. — Quel est le prix d'un terrain carré de 80ᵐ,50 de côté à raison de 36ᶠ,40 l'are ?

GÉOMÉTRIE

Surface et périmètre du rectangle.

1	2	3	4
5	6	7	8
9	10	11	12

Ce rectangle a 4 centimètres de long et 3 centimètres de large. Il est divisé en centimètres carrés et il en vaut 12.

C'est exactement le résultat de 4×3.

RÈGLE. — **Pour trouver la** *surface* **d'un rectangle, on multiplie la longueur par la largeur.**

Le périmètre de ce rectangle est de $4^{cm} + 3^{cm} + 4^{cm} + 3^{cm} = 14^{cm}$.

RÈGLE. — **Pour trouver le** *périmètre* **d'un rectangle, on additionne 2 fois la longueur avec 2 fois la largeur.**

EXEMPLE : **Calculer la surface et le périmètre d'un rectangle de $3^m,50$ de long et $1^m,40$ de large**.

La surface est de $3^m,50 \times 1^m,40 = 4^{mq},90$.
Le périmètre est de $3^m,50 + 3^m,50 + 1^m,40 + 1^m,40 = 9^m,80$.

Exercices et Problèmes.

1. — Quelle est la surface d'un rectangle de 6^m de long et $4^m,50$ de large ?

2. —	—	—	$18^m,85$	—	14^m	—
3. —	—	—	$126^m,80$	—	$76^m,90$	—
4. —	—	—	$0^m,68$	—	$0^m,25$	—
5. —	—	—	$0^m,09$	—	$0^m,05$	—

6. — Quel est le périmètre d'un rectangle de $36^m,20$ de long et $24^m,50$ de large ?

7. —	—	—	$272^m,$	—	$186^m,60$	
8. —	—	—	$0^m,48$	—	$0^m,32$	

9. — Calculer la surface et le périmètre d'un rectangle de 48^m,20 de long et 36^m de large. Exprimer la surface en ares.

10. — Calculer la surface et le périmètre d'un rectangle de 6^m,70 de long et 0^m,85 de large. Exprimer la surface en centiares.

11. — Calculer la surface et le périmètre d'un rectangle de 0^m,45 de long et 0^m,09 de large. Exprimer la surface en centimètres carrés.

12. — Quelle est, en ares, la surface d'un champ rectangulaire de 72^m,05 de long et 48^m,30 de large?

13. — Quelle est, en hectares, la surface d'un champ rectangulaire de 146^m,40 de long et 104^m,80 de large?

14. — Quelle est la valeur d'un pré rectangulaire de 92^m,20 ·de long et 54^m,60 de large, à raison de 0^f,24 le centiare?

15. — Un jardin rectangulaire de 43^m,70 de long et 24^m,80 de large est entouré d'une clôture qui revient, toute posée, à 0^f,95 le mètre. Quel est le prix de cette clôture?

16. — Quelle est la valeur d'un champ rectangulaire de 46^m,90 de long et 32^m,10 de large, à raison de 36^f,50 l'are?

17. — Quel est le prix d'une vitre de 0^m,45 de long et 0^m,30 de large, à raison de 4^f,50 le mètre carré, si la pose a coûté 0^f,25?

18. — Pour construire un mur de 24 mètres carrés, combien faut-il de briques de 0^m,20 sur 0^m,12?

19. — La toiture d'un hangar forme un rectangle de 6^m,20 sur 3^m,50. Combien faut-il de tuiles pour le couvrir, si chaque tuile occupe un espace de 2 décimètres carrés?

20. — Un peintre a peint 6 portes de chacune 1^m,90 sur 0^m,90. Que lui est-il dû à raison de 1^f,25 le mètre carré de peinture?

21. — Une salle a 6^m de long et 4^m,80 de large. Combien, pour la carreler, faut-il de carreaux de 0^m,20 de côté?

22. — Pour clôturer un champ de 40^m,60 de long et 26^m de large, on a employé sur tout le périmètre 4 rangées de fil de fer. Quelle est la dépense, si le fil de fer vaut 0^f,04 le mètre?

23. — Un champ de 106^m de long et 84^m,50 de large a produit 18 hectolitres de blé à l'hectare. Combien a-t-il rapporté d'hectolitres?

24. — On a peint un mur de 6^m,40 de long sur 3^m,80 de hauteur. Quelle sera la dépense, à raison de 2^f,40 le mètre carré, si l'on déduit une porte de 1^{mq},80?

25. — Un champ de 86^m de long sur 54^m de large a donné 7 quintaux d'avoine. Combien a-t-il donné de kilog. par are?

ARITHMÉTIQUE

Le diviseur est décimal.

Dans 24 unités, il y a 4 fois 6 unités, comme dans 24 dixièmes il y a 4 fois 6 dixièmes. Dans les deux cas, le résultat de la division est 4.

Pour que le résultat d'une division ne change pas, il suffit que le dividende et le diviseur représentent les mêmes unités.

1er Exemple.

$$2\,8 \;\Big|\; 4,5\,0 \quad = \quad 2\,8\,0\,0 \;\Big|\; 4{+}5\,0$$

Dans cet exemple, si l'on supprime la virgule du diviseur, on obtient 450 centièmes; il suffit d'écrire 2 zéros à la droite du dividende 28 pour qu'il représente aussi des centièmes. On obtient une division de deux nombres entiers.

RÈGLE. — Lorsque le dividende est un nombre entier et le diviseur un nombre décimal, on écrit à la droite du dividende autant de zéros qu'il y a de chiffres décimaux au diviseur, et l'on supprime la virgule du diviseur.

2e Exemple.

$$7\,2,7\,5 \;\Big|\; 4,2\,5 \quad = \quad 7\,2{+}7\,5 \;\Big|\; 4{+}2\,5$$

Dans cet exemple, si l'on supprime les deux virgules, on obtient 7275 centièmes à diviser par 425 centièmes, c'est-à-dire une division de nombres entiers.

RÈGLE. — Lorsque le dividende et le diviseur ont le même nombre de chiffres décimaux, on supprime les deux virgules.

QUESTIONNAIRE. — Comment fait-on lorsque le dividende est un nombre entier et le diviseur un nombre décimal? — Lorsque le dividende et le diviseur ont le même nombre de chiffres décimaux?

EXERCICES. — Effectuer les divisions suivantes, jusqu'aux millièmes s'il y a lieu.

  (1) 46 : 2,5   54 : 3,7   85 : 5,5
  (2) 31,2 : 4,8   63 : 7,5   3,7 : 8,3

(*3*)	18,4 : 9,5	72,5 : 6,4	380 : 1,9
(*4*)	46 : 0,25	8,40 : 0,75	94 : 0,64
(*5*)	0,18 : 0,71	54 : 0,95	3,46 : 0,58
(*6*)	760 : 3,25	6,70 : 8,50	84 : 9,07
(*7*)	18,70 : 6,40	37 : 7,08	4,835 : 0,785
(*8*)	8 : 0,209	167,05 : 8,45	68 : 0,587
(*9*)	15,6 : 64,5	45 : 86,4	380,40 : 75,60
(*10*)	138 : 37,25	2,7840 : 0,4820	18 : 46,704
(*11*)	6,205 : 8,745	29 : 90,75	0,8470 : 0,3790
(*12*)	480 : 675,60	40,306 : 7,408	47 : 0,6490

Problèmes.

1. — $4^{a},80$ de jardin valant 240^{f}, combien valent : 1° un are ; 2° un mètre carré ; 3° un centiare ; 4° un hectare ?

2. — Un tapis de $1^{mq},50$ a coûté $8^{f},40$. A combien reviennent : 1° le mètre carré ; 2° le décimètre carré ?

3. — $3^{Kg},75$ de sucre ont coûté $4^{f},50$. Quel est le prix du kilog. ? Combien vaudrait un quintal ?

4. — Un fût de $2^{Hl},28$ revient à $75^{f},80$. A combien revient l'hectolitre ? Combien a-t-on payé le litre ?

5. — Un kilog. de bougies coûte $1^{f},80$. Combien aurait-on de kilog. de bougies pour $15^{f},30$, puis pour $35^{f},80$?

6. — Une brique a une surface de $2^{dmq},50$. Combien faudrait-il de briques pour faire un mur de 18 mètres carrés ?

7. — Un litre de vin coûte $0^{f},35$. Combien peut-on avoir d'hectolitres : 1° pour 24^{f} ; 2° pour 120^{f} ?

8. — D'un fût de 185 litres de cidre, combien pourrait-on tirer de bouteilles de $0^{l},75$ si l'on trouve 5 litres de lie ?

9. — Un ouvrier a dépensé en un mois 80^{f} et économisé $7^{f},50$. Combien a-t-il travaillé de jours à raison de $3^{f},50$ par jour ?

10. — On a acheté $4^{Ha},25$ de terrain pour $10\,000^{f}$. On a eu 825^{f} de frais. A combien revient l'are, puis le mètre carré ?

11. — Pour carreler une salle de $16^{mq},25$ on a dépensé 72^{f}. Combien, à ce prix, coûterait le carrelage d'une salle de 48^{mq} ?

12. — On a vendu 350 ares de vigne à raison de $34^{f},50$ l'are, et on a placé l'argent à 4 0/0. Quel intérêt retirera-t-on ?

SYSTÈME MÉTRIQUE

Mesures de volume.

L'unité principale des *mesures de volume* est le **mètre cube (mc ou m³)**.

Le mètre cube n'a pas de multiples. On dit 1 000^{mc}, par exemple.

Les *sous-multiples* du mètre cube sont :

> le **décimètre cube (dmc)**, qui a un décimètre sur tous côtés;
>
> le **centimètre cube (cmc)**, qui a un centimètre sur tous côtés;
>
> le **millimètre cube (mmc)**, qui a un millimètre sur tous côtés.

A défaut de dmc en bois, on peut faire un dmc en papier fort; avec le bout d'un morceau de craie, un cmc. Par la comparaison, on en déduit :

Le décimètre cube vaut 1 000 centimètres cubes.

De même,

Le mètre cube vaut 1 000 décimètres cubes.
Le centimètre cube vaut 1 000 millimètres cubes.

Aucune des mesures de volume n'existe comme objet.

QUESTIONNAIRE. — Quelle est l'unité principale des mesures de volume? — Le mètre cube a-t-il des multiples? — Citez les sous-multiples du mètre cube? — Combien le dmc vaut-il de cmc, le mc de dmc, le cmc de mmc?

EXERCICE ORAL. — Combien de dmc valent 1^{mc}, 5, 8, 12, 20^{mc}?
Combien de cmc valent 1^{dmc}, 3, 9, 15^{dmc}? 1^{mc}, 2, 4, 7, 9^{mc}?

EXERCICES ÉCRITS. — L'élève remarquera que chaque unité de volume s'écrit avec 3 chiffres.

I. Apprendre le tableau ci-contre : 1° de gauche à droite; 2° de droite à gauche.

II. Avec les chiffres seuls écrits au tableau noir, montrer le groupe de l'unité demandée.

Ces exercices sus, la lecture et l'écriture se feront sans difficulté.

mètres cubes.	décim. cubes.	centim. cubes.	millim. cubes.
36^{mc},	305	470	006

LECTURE. — Ex. : 0^{mc},025^{dmc}350^{cmc}.

(*1*)	0^{mc},025350	3^{mc},450	2^{dmc},280
(*2*)	14^{cmc},450	6^{mc},042500	3^{dmc},004840
(*3*)	15^{mc},020680	0^{mc},45042	10^{mc},0054, etc.

ÉCRITURE. — Écrire les nombres suivants :

(*4*)	4^{mc},80^{dmc}	60^{dmc},500^{cmc}	8^{mc},405^{cmc}
(*5*)	560^{mc},3^{dmc}450^{cmc}	28^{dmc},4^{cmc}78^{mmc}	12^{mc},8^{dmc}45^{cmc}
(*6*)	172^{mc},60^{dmc}540^{mmc}.	0^{mc},570^{dmc}24^{cmc}	0^{mc},4^{dmc}54^{cmc}28^{mmc}, etc.

CONVERSION. — Il suffit de placer la virgule à droite de l'unité demandée en faisant emploi de zéros, à droite ou à gauche.

Convertir en dmc	3^{mc}	7840^{cmc}	5^{mc},875
— en mc	6480^{dmc}	178^{dmc}	37^{dmc},45^{cmc}
— en cmc	8^{mc}	50^{dmc}	3^{mc},480^{dmc}

Effectuer les opérations suivantes :

1° 0^{mc},250 + 45^{dmc} + 8^{mc},75^{dmc} 3^{mc} — 680^{dmc} (Résultat en dmc).

2° 8^{mc},045 + 3850^{dmc} + 65^{dmc},48   7860^{dmc} — 2^{mc},450 (Rés. en mc).

3° 6^{dmc} + 450^{cmc} + 729^{cmc} + 4^{mc} 840^{dmc} — 1475^{cmc} (Rés. en cmc).

Problèmes.

1. — 3 tas de pierres ont le 1er 2^{mc},850, le 2e 1 875^{dmc}, le 3e 872^{dmc}. Quel est, en mètres cubes, le volume de ces 3 tas?

2. — D'un tas de fumier de 6^{mc} et demi, on a enlevé 2 385^{dmc}. Combien de mètres cubes reste-t-il ?

3. — Quelle est la valeur de 4 870^{dmc} de maçonnerie à raison de 15^{f},60 le mètre cube?

4. — On a acheté une poutre de 1^{mc},45^{dmc} pour 145^{f}. A combien revient le décimètre cube?

5. — Pour construire un mur de 18^{mc},240, combien faut-il employer de pierres de taille de chacune 24 décimètres cubes?

6. — Un bassin peut contenir 8^{mc},250 d'eau. Un robinet en fournit 330^{dmc} par heure. Combien mettra-t-il d'heures pour le remplir ?

7. — On a deux tas de fumier : l'un de 6^{mc},500, l'autre de 5 840^{dmc}. Quel est, en tonnes, le poids de ce fumier, si le mètre cube pèse 705 kilog. ?

8. — J'ai besoin de 9^{mc} de sable; on m'en a amené 10 tombereaux de chacun 850 dmc. Combien me manque-t-il?

9. — Un mètre cube de gaz coûte 0^{f},30. Combien coûte le gaz nécessaire pour alimenter un bec qui brûlerait pendant 30 jours, à raison de 725 décimètres cubes par jour ?

10. — Un bec de gaz a brûlé en 45 jours pour 7^{f},65 de gaz à raison de 0^{f},25 le mètre cube. Combien a-t-il brûlé de mètres cubes de gaz, et quelle a été en dmc. la consommation par jour?

ARITHMÉTIQUE

Le diviseur a plus de chiffres décimaux que le dividende.

EXEMPLE.

$$3,6 \ \big|\ \overline{4,2\,5} \ = \ 3_{+}6\,0 \ \big|\ \overline{4_{+}2\,5}$$

Dans cet exemple, il suffit de faire au dividende le même nombre de chiffres décimaux qu'au diviseur et de supprimer les deux virgules.

RÈGLE. — Lorsque le diviseur a plus de chiffres décimaux que le dividende, on en fait autant au dividende qu'au diviseur, et on supprime les deux virgules.

QUESTIONNAIRE. — Comment fait-on lorsque le diviseur a plus de chiffres décimaux que le dividende ?

EXERCICES ÉCRITS. — Effectuer les divisions suivantes, jusqu'aux millièmes s'il y a lieu.

(1)	6,7 : 0,15	84,5 : 0,25	0,8 : 4,6
(2)	51,4 : 5,8	68 : 0,65	7,5 : 0,78
(3)	9,2 : 0,85	75,6 : 9,4	39 : 0,98
(4)	0,8 : 1,25	8,6 : 2,44	83,8 : 0,455
(5)	6,45 : 7,05	860 : 8,27	1,8 : 9,90
(6)	0,96 : 0,785	3,6 : 6,65	47,5 : 3,75
(7)	127 : 4,09	4,25 : 0,805	23,7 : 9,05
(8)	3,48 : 6,785	72,5 : 28,35	6 : 0,4850
(9)	8,6 : 0,0248	9,85 : 5,406	107 : 56,04
(10)	129,5 : 8,375	0,96 : 0,2076	1084 : 364,5
(11)	48,6 : 95,05	2,084 : 0,0065	10,8 : 75,50
(12)	0,74 : 0,0038	4,5 : 9,230	120,8 : 80,45

Problèmes.

1. — Avec 8^f,25 combien pourrai-je avoir de timbres à 0^f,15?

2. — Une cuve contient 4 mètres cubes. Combien faudrait-il de seaux de 15 décimètres cubes pour la remplir?

3. — J'ai vendu du foin pour 50^f à raison de 0^f,40 la botte. Combien ai-je vendu de bottes?

4. — Une brouette contient 85 décimètres cubes. Combien faudrait-il faire de voyages pour transporter 18^{mc},4 de terre?

5. — Il faut 125 grammes de laine pour faire une paire de bas. Combien ferait-on de paires de bas avec 6^{Kg},750 de laine?

6. — 0^{Kg},225 de laine coûtent 1^f,80. Quel est le prix du kilog.?

7. — J'ai acheté 38^a,25 de pré pour 933^f,30 et 24^a,60 de vigne pour 2 341^f,92. A combien me revient l'are de pré et l'are de vigne?

8. — Un marchand a acheté 15^{Kg},850 de sucre pour 17^f,435. Combien doit-il revendre le kilog. pour gagner 0^f,10 par kilog.?

9. — A 0^f,35 le mètre de ruban, combien en aurait-on de mètres pour 18 pièces de 0^f,50?

10. — Un carrier a vendu 2 tas de pierre, l'un de 7^{mc},850, l'autre de 3 450 décimètres cubes, pour 30^f,50. Combien a-t-il vendu le mètre cube?

11. — Une fermière a vendu 47 douzaines d'œufs à 0^f,70 la douzaine. Avec cette somme, elle a acheté de la toile à 1^f,80 le mètre. Combien a-t-elle eu de mètres de toile?

12. — Une pièce de bois de 1250 décimètres cubes a été achetée 90^f. L'équarrissage a fait perdre le 5e du volume. A combien revient le mètre cube de bois équarri?

13. — 4^m,60 de drap valant 57^f,50, on demande le prix de 13^m,80 de ce drap?

14. — 2 tonnes de houille valant 90^f, quel est le prix de 72 quintaux et demi?

15. — 4 hectares de terre valent 11 200^f; combien vaudrait un champ rectangulaire de 160^m de long sur 24^m,60 de large?

16. — Quel est le volume de pierre contenu dans un mur de 18 mètres cubes, si la pierre n'occupe que 75 0/0 du volume du mur?

17. — On a acheté un champ pour 3 280^f. A combien revient-il, si les frais se sont élevés à 7 0/0?

SYSTÈME MÉTRIQUE

Mesures de volume pour les bois.

Lorsqu'il s'agit d'exprimer le volume des bois, le mètre cube prend le nom de *stère*.

Le **stère (s)** est un mètre cube appliqué au *volume des bois*.

Le seul *multiple* du stère est le **décastère (Ds)**, qui vaut 10 stères.

Le seul *sous-multiple* du stère est le **décistère (ds)**, qui est 10 fois plus petit qu'un stère.

On fait encore emploi des mesures suivantes :

Double décistère (2 décistères), **demi-stère** (5 décistères), **double stère** (2 stères), **demi-décastère** (5 stères), **double décastère** (20 stères).

Le décistère, qui est 10 fois plus petit qu'un stère ou un mètre cube, n'est pas égal au décimètre cube, qui est 1 000 fois plus petit que le mètre cube ou le stère.

Le décistère vaut 100 décimètres cubes.

Les bâtis pour la mesure des bois ne sont plus en usage.

QUESTIONNAIRE. — Qu'est-ce que le stère? — Citez le multiple du stère. — Le sous-multiple. — Citez les mesures dont on fait encore emploi. — Combien le décistère vaut-il de dmc?

EXERCICES ORAUX. — Combien un Ds vaut-il de stères, de doubles stères, de décistères?

Combien un double Ds vaut-il de stères, de doubles stères, de doubles décistères, de décistères?

Combien un stère vaut-il de décistères, de doubles décistères, de décimètres cubes?

EXERCICES ÉCRITS. — Apprendre le tableau ci-contre : 1º de gauche à droite; 2º de droite à gauche.

Avec les chiffres seulement écrits au tableau noir, montrer l'unité désignée.

La lecture et l'écriture se feront ensuite sans difficulté.

décastères.	stères ou mc.	décistères.
35	6.	4
	10.	

LECTURE. — Exemple : $2^{Ds},5^{s} 6^{ds}$ (ou 56^{ds}).

(1)	$2^{Ds},56$	$3^{s},6$	$5^{Ds},6$	$19^{Ds},05$
(2)	$6^{s},4$	$0^{s},8$	$375^{Ds},25$	$0^{Ds},04$

ÉCRITURE. — Ecrire les nombres suivants :

(3)	$2^{s},6^{ds}$	$0^{s},4^{ds}$	$12^{Ds},5^{s}$	$36^{Ds},23^{ds}$
(4)	$8^{Ds},6^{ds}$	$0^{Ds},9^{s}$	$0^{Ds},6^{ds}$	$28^{Ds},3^{s}5^{ds}$

CONVERSION. — On place la virgule à droite de l'unité demandée en faisant emploi de zéros, à droite ou à gauche, s'il y a lieu.

Convertir en stères : 18^{Ds}, 75^{ds}, 4^{ds} ; —— en décistères : 18^{s}, 6^{s}, $3^{Ds},5^{s}$; —— en décastères : 184^{s}, 6^{s}, 34^{ds}, 1815^{ds}.

Exemple : *Convertir 75^{ds} en dmc : 75^{ds} font $7^{s},5$ ou $7^{mc},5$ ou 7500^{dmc}.*

Convertir en mc : 4^{Ds}, $3^{Ds},95$, 85^{ds} ; —— en stères : $3^{mc},400$, 560^{dmc} ; —— en décimètres cubes : $4^{s},5$, 28^{Ds}, 385^{ds}.

Effectuer les opérations suivantes :

1° $5^{s},6^{ds} + 4^{Ds} + 378^{ds}$	$3^{Ds},5^{ds} - 2^{mc},750$ (Résultat en stères).
2° $3^{mc},4 + 6^{Ds},8 + 785^{ds}$	$8^{ds} - 475^{dmc}$ (Résultat en décistères).
3° $45^{dmc} + 16^{ds} + 4^{s},6$	$1^{mc},475 - 8^{ds}$ (Résultat en dmc).

Problèmes.

1. — J'ai acheté 1 $^{Ds},5^{s}$ de bois, puis $12^{s},5$, puis 35^{ds}. Combien ai-je reçu : 1° de stères ; 2° de décistères ; 3° de décastères ?

2. — D'un tas de 6^{Ds} et demi de bois, on a pris $8^{s},6^{ds}$. Combien reste-t-il : 1° de stères ; 2° de décistères ; 3° de décastères ?

3. — Un homme a acheté $18^{s},7$ de bois à raison de $1^{f},35$ le décistère. Combien a-t-il payé ?

4. — J'ai acheté $2^{Ds},6$ de bois pour 273^{f}. A combien me reviennent : 1° le décastère ; 2° le stère ; 3° le décistère ?

5. — Quelle est la valeur de $1^{Ds},75$, puis $35^{s},7$ de rondins, à raison de $8^{f},60$ le stère ?

6. — Quel est le prix de 6 voitures de bois contenant chacune 42 décistères de bois, à raison de $13^{f},80$ le mètre cube ?

7. — Un taillis de 0 are 50 a donné un double décistère de bois par mètre carré. Combien a-t-il donné de décastères ?

8. — Quel est le prix d'un double décastère de bois, à raison de $1^{f},65$ le quintal, si un décistère pèse 68 kilogrammes ?

9. — Avec le prix de 15 journées à $3^{f},40$ l'une, combien pourrai-je avoir de stères de bois à $11^{f},80$ le stère ?

10. — Un demi-décastère de bois valant $64^{f},50$, combien vaudraient $37^{s},5$?

ARITHMÉTIQUE

Le diviseur a moins de chiffres décimaux que le dividende.

EXEMPLE.

$$7,3\,7\,5 \mid 2,6 \;=\; 7_+3,7\,5 \mid 2_+6$$

Dans cet exemple, si l'on supprime la virgule du diviseur, on obtient 26 dixièmes.

Pour que le dividende représente des dixièmes, il suffit de supprimer la virgule des unités pour la mettre après les dixièmes.

RÈGLE. — Lorsque le diviseur a moins de chiffres décimaux que le dividende, on supprime la virgule du diviseur et l'on avance la virgule du dividende d'autant de rangs vers la droite qu'il y a de chiffres décimaux au diviseur.

QUESTIONNAIRE. — Comment fait-on lorsque le diviseur a moins de chiffres décimaux que le dividende?

EXERCICES. — Effectuer les divisions suivantes, jusqu'aux millièmes s'il y a lieu.

(1)	4,375 : 0,25	3,48 : 6,5	27,64 : 8,4
(2)	172,85 : 9,3	0,956 : 0,48	0,48 : 2,6
(3)	13,46 : 3,8	2,785 : 4,7	9,056 : 0,72
(4)	9,048 : 0,95	8,75 : 9,4	0,778 : 8,7
(5)	35,68 : 72,4	10,840 : 0,375	0,906 : 4,85
(6)	0,906 : 0,480	102,85 : 82,6	24,045 : 3,75
(7)	30,81 : 91,4	4,092 : 5,85	1,078 : 0,785
(8)	125,35 : 80,6	0,84 : 0,092	5,308 : 6,08
(9)	0,704 : 0,0235	57,6 : 92,35	52,50 : 8,025
(10)	91,325 : 27,75	278,46 : 386,4	3,048 : 0,4085
(11)	5,40 : 8,725	0,475 : 0,0085	32,5 : 36,08
(12)	3,85 : 0,0609	95,87 : 406,7	154,6 : 29,57

Problèmes.

1. — Un paquet de 25 aiguilles a coûté 0^f,40. Combien coûte une aiguille?

2. — Avec 24^f,75, combien puis-je avoir de décistères de bois, si un décistère coûte 1^f,25?

3. — 5^{Ha},40 de taillis ont été partagés entre 8 personnes. Quelle est, en ares et centiares, la superficie de chaque part?

4. — Avec 10^f,80 combien puis-je avoir de douzaines d'œufs, si un œuf vaut 0^f,06?

5. — J'ai une provision de bois de 1^{Ds},48. Si j'en brûle 4 décistères 5 par semaine, combien de temps durera cette provision?

6. — 115 litres de vin m'ont coûté 42^f,60 d'achat et 1^f,60 de droits. A combien me revient un litre?

7. — J'ai acheté un bidon d'huile du poids de 12^{kg},450; le bidon seul pèse 725 grammes. Combien ai-je de litres d'huile, sachant qu'un litre pèse 915 grammes?

8. — 4 poutres de chacune 840 décimètres cubes m'ont coûté 250^f. A combien me revient le décistère?

9. — J'ai payé 888^f pour 12^a,25 de pré et 15^a,50 de vigne. A combien me revient le mètre carré?

10. — J'économise le cinquième de mon salaire journalier qui est de 4^f. Combien me faudra-t-il de jours pour économiser 100^f?

11. — Un homme dépense par semaine 1^f,80 d'eau-de-vie et liqueurs alcooliques. Avec cette dépense inutile, combien pourrait-il avoir par an de kilog. de viande à 1^f,60 le kilog.?

12. — Sachant qu'on a payé 60^f pour 256 mètres carrés de terrain, combien aurait-on payé pour 15 ares et demi?

13. — Combien vaudrait un quintal de pommes de terre, si 45 kilog. coûtent 3^f,25?

14. — Quel est l'intérêt annuel de 4 870^f à 3,5 0/0?

15. — Que payerait-on pour une marchandise achetée 850^f avec une remise de 3 0/0?

16. — On a acheté 76 mètres de toile à 1^f,80 le mètre. Combien doit-on payer si l'on a obtenu une remise de 2 0/0?

SYSTÈME MÉTRIQUE

Relations entre les capacités, les poids et les volumes.

1° **Un décimètre cube** creux tient juste un **litre**.

En conséquence :

Un mètre cube vaut 1 000 litres ;
Un hectolitre vaut 100 décimètres cubes, etc.

2° Un **centimètre cube** d'eau pure pèse un **gramme**.

Un décimètre cube ou un litre d'eau pure pèse donc 1 000 grammes ou un kilog.

Le mètre est la base de toutes les mesures.

Cela se comprend pour les mesures de surface, qui ont pour unité principale le **mètre carré**, et pour les mesures de volume, qui ont pour unité principale le **mètre cube**.

Les mesures de capacité ont pour base le mètre, parce que le litre a une contenance d'un **décimètre** cube.

Les mesures de poids ont pour base le mètre, parce que le gramme est le poids d'un **centimètre** cube d'eau pure.

Les monnaies ont pour base le mètre, parce que le franc pèse 5 **grammes**, et que le gramme a pour base le mètre.

Le mètre lui-même a pour base *la longueur du tour de la terre.*

QUESTIONNAIRE. — Que vaut un décimètre cube ? — Combien un mc vaut-il de litres ? — Combien un hectolitre vaut-il de dmc ? — Combien un cmc d'eau pure pèse-t-il ? — Combien pèse un décim. cube d'eau ou un litre ? — Expliquez comment les mesures du système métrique ont pour base le mètre. — Qu'est-ce que le mètre lui-même a pour base ?

EXERCICE ORAL. — Combien de litres valent : 4^{dme}, 25, 80, 175^{dme}, 1me, 3me, 10me ? — Combien de dmc valent : un double litre, un demi-décalitre, un décalitre, un double décalitre, un demi-hectolitre, un hectolitre, 4, 12 Hl ?

Combien pèsent : 1° 2 dmc d'eau, 10 dmc, 100 dmc, un mètre cube ?
2° 1 cmc, 6, 25, 120 cmc ; un demi-dmc ?

Combien, pour faire un mètre cube, faut-il de décalitres, de doubles décalitres, d'hectolitres?

Quels volumes d'eau pure représentent : 1° 1 gr., 10 gr., 100 gr., 500 gr.? 2° 1 kg., 5 kg., 10 kg., 100 kg., 500 kg.? 3° 1 tonne, 4 tonnes, 15 tonnes, 25 tonnes?

Problèmes.

1. — Une boîte contient 8 décimètres cubes et demi. Combien peut-on y verser de litres de haricots?

2. — Combien faudrait-il de décilitres d'eau pour faire un dmc?

3. — Un bec de gaz brûle un hectolitre de gaz par heure. Combien lui faut-il d'heures pour en brûler un mètre cube?

4. — Une cuve contient $2^{mc},450$. Combien contient-elle de litres?
  (*Convertir $2^{mc},450$ en décimètres cubes qui font autant de litres.*)

5. — Une cuve contient $36^{Hl},5$. Quelle est sa capacité en mètres cubes?
  (*Convertir $36^{Hl},5$ en litres qui font autant de décimètres cubes.*)

6. — Quel volume représentent 2 tonnes 450 d'eau?
  (*Convertir $2^{t},450$ en kilog. qui représentent autant de litres ou de décimètres cubes.*)

7. — Une pompe donne 25 litres d'eau par minute. Combien lui faut-il de temps pour remplir un bassin de $2^{mc},250$?

8. — Un vase vide pèse 250 gr. On y verse $1^{dmc},350$ d'eau. Combien pèse-t-il ensuite?

9. — Dans un vase de $2^{dmc},400$, on verse un litre et demi d'eau. Combien faudrait-il encore verser : 1° de litres; 2° de décilitres, pour le remplir?

10. — Dans un vase qui contient $4^{l},75$, on verse $3^{kg},750$ d'eau. Combien faudrait-il encore y verser de centimètres cubes pour le remplir?

11. — Dans l'un des plateaux d'une balance, on met 18 pièces de 5^{f} Combien faudrait-il mettre de centimètres cubes d'eau dans l'autre plateau pour établir l'équilibre?

12. — Un réservoir contient $8^{mc},300$ d'eau. On enlève chaque jour pendant une semaine $9^{Hl},75$ de cette eau. Combien de décalitres d'eau reste-t-il au bout de ce temps?

13. — Un bec de gaz brûle $1^{Hl},3$ de gaz par heure. Quelle sera, à raison de $0^{f},30$ le mètre cube, la dépense de ce bec au bout de 72 heures?

GÉOMÉTRIE

Volume du cube et du parallélépipède.

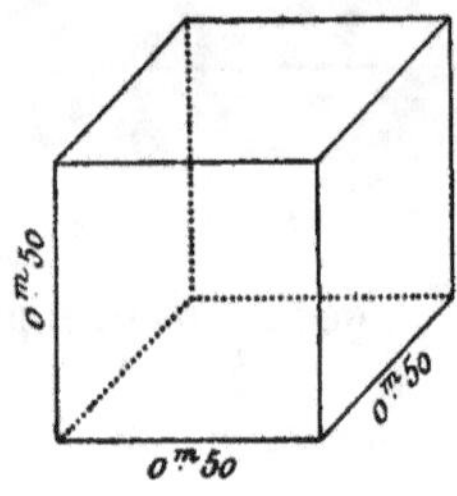

Cube.

RÈGLE. — Pour trouver le *volume* du **cube** et du **parallélépipède**, on multiplie la longueur par la largeur, ce qui donne la surface de la base, et on multiplie cette surface par la hauteur.

1er EXEMPLE : **Calculer le volume du cube ci-contre.**

Surface de la base :
$0^m{,}50 \times 0^m{,}50 = 0^{mq}{,}25.$

Volume :
$0^{mq}{,}25 \times 0^m{,}50 = 0^{mc}{,}125,$

ou, plus simplement,

Volume :
$0^m{,}50 \times 0^m{,}50 \times 0^m{,}50 = 0^{mc}{,}125.$

2e EXEMPLE : **Calculer le volume du parallélépipède ci-contre.**

Surface de la base :
$0^m{,}80 \times 0^m{,}50 = 0^{mq}{,}40.$

Volume :
$0^{mq}{,}40 \times 1^m{,}60 = 0^{mc}{,}640,$

ou, plus simplement,

Volume :
$0^m{,}80 \times 0^m{,}50 \times 1^m{,}60 = 0^{mq}{,}640.$

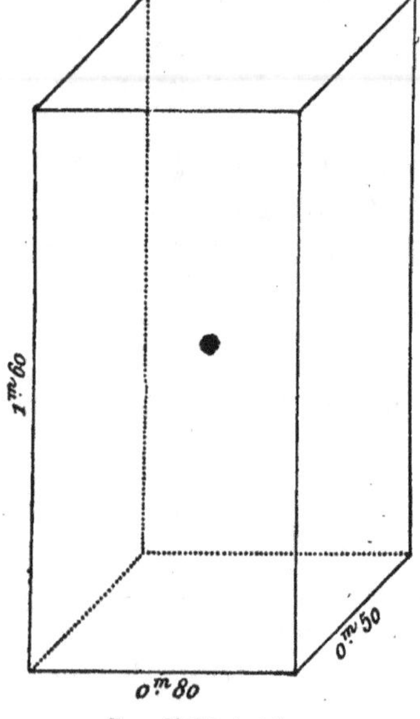

Parallélépipède.

Exercices et Problèmes.

1. — Calculer le volume d'un cube de 3m d'arête.
2. —   —   —   —   2m,25 d'arête.

3. — Calculer le volume d'un cube de 0^m,65 d'arête.

4. —   —   —   0^m,08 d'arête.

5. — Calculer le volume d'un parallélépipède de 14^m de long, 2^m de large et 3^m de haut.

6. — Calculer le volume d'un parallélépipède de 1^m,80 de long, 0^m,90 de large et 1^m,20 de hauteur.

7. — Calculer le volume d'un parallélépipède ayant une base carrée de 0^m,30 de côté et une longueur de 1^m,85. (Exprimer le résultat en décimètres cubes.)

8. — Quel est, en décistères, le volume d'un tas de bois de 8^m,40 de long, 0^m,95 de large et 1^m de haut?

9. — Une boîte cubique a 0^m,40 de côté. Combien peut-elle contenir de litres?

10. — Une caisse a 0^m,60 de long, 0^m,30 de large et 0^m,40 de haut. Combien pourrait-on y verser de litres de haricots?

11. — Quel serait, à raison de 12^f,50 le stère, le prix d'un tas de bois de 4^m,20 de long, 1^m de large et 0^m,90 de haut?

12. — Une classe a 8^m,40 de long, 6^m,80 de large et 4 mètres de haut. Combien peut-elle contenir d'élèves, si pour chaque élève il faut 5 mètres cubes d'air?

13. — Une citerne a une base carrée de 2^m,10 de côté et une hauteur de 1^m,40. Combien peut-elle contenir d'hectolitres d'eau?

14. — Un tas de fumier a 3^m,50 de long, 2^m,80 de large et 1^m,20 de hauteur. Quelle en est la valeur, à raison de 4^f,80 le mètre cube?

15. — Un tas de terre a 1^m,75 de long, autant de large et 0^m,90 de haut. Combien, pour l'enlever, faudrait-il de brouettées de 125 décimètres cubes?

16. — On a acheté le quart d'un tas de bois de 6^m de long, 0^m,90 de large et 1^m,20 de hauteur. Combien doit-on payer à raison de 130^f le décastère?

17. — On a versé 6 litres d'eau dans un vase cubique de 0^m,25 de côté. Combien faudrait-il encore en verser pour le remplir?

18. — Une citerne de 1^m,80 de long, 1^m,50 de large et 1^m,20 de haut était pleine d'eau. On en a tiré 12 hectolitres. Combien en reste-t-il?

19. — Combien faudrait-il de pierres de taille de 0^m,50 de long, 0^m,30 de large et 0^m,30 de haut pour faire un mur de 8^m,30 de long, 0^m,50 de large et 2^m,80 de haut?

Problèmes de revision.

1. — Une marchandise coûtant 126^f,50 a été revendue avec un gain de 18^f,40. Combien a-t-elle été revendue?

2. — On a un champ de 1^{Ha},5 ares. 40 ares sont ensemencés en légumes et le reste en blé. Quelle étendue y a-t-il en blé?

3. — Un mètre de toile coûte 1^f,90. Que coûtent 65 centimètres?

4. — Un homme dépense 840^f par an. Combien dépense-t-il par jour?

5. — Quel est le prix d'un litre de vin, si l'hectolitre vaut 38^f,50?

6. — 0^m,45 de ruban coûtent 1^f,60. Combien coûte le mètre?

7. — Dans un hectolitre de vin, combien peut-on trouver de bouteilles de 75 centilitres?

8. — Quelle est la somme en argent qui pèse 1 kilog.? Quelle serait cette somme en bronze?

9. — Un ouvrier a gagné 1 490^f dans l'année. Combien a-t-il gagné par jour, s'il est resté 58 jours sans travailler?

10. — Une couturière gagne 2^f,50 par jour. Combien gagne-t-elle par an, si elle reste 62 jours sans travailler?

11. — 15 ares de terre coûtant 555^f, combien coûte un hectare?

12. — 2 pièces de toile de même longueur ont coûté 135^f à raison de 1^f,50 le mètre. Quelle est la longueur de chaque pièce?

13. — 18 décistères de bois valent 25^f,20. Combien valent 4 mètres cubes et demi de ce bois?

14. — Un vase vide pèse 850 grammes. Plein d'eau, il pèse 3^{kg},440. Quelle est sa capacité? Quelle serait la valeur de l'huile qu'il peut contenir, à raison de 1^f,90 le litre?

15. — 6 becs de gaz brûlent 13 hectolitres de gaz par soirée. Combien 28 becs brûleraient-ils de mètres cubes?

16. — Un marchand échange 1 décastère 2 stères de bois à 13^f le stère contre du vin à 0^f,65 le litre. Combien recevra-t-il de litres de vin?

17. — Un ouvrier fait 4^m,50 d'ouvrage en 2 jours; un second ouvrier fait 8^m,25 du même ouvrage en 3 jours. S'ils travaillent ensemble, combien mettront-ils de temps pour faire 145 mètres?

18. — Quel est l'intérêt annuel de 750^f à 3 0/0? Combien, avec cet intérêt, pourrait-on avoir de litres de vin à 0^f,30?

19. — Une maison a coûté 8 400^f, plus 5 0/0 pour honoraires de l'architecte. A combien revient cette maison?

Problèmes de revision.

— Dans un jardin de 16ᵃ,20, on a pris 125 mètres carrés pour faire une maison. Quelle est la surface cultivable?

2. — J'ai acheté une pièce de ruban pour 4ᶠ,50, à raison de 0ᶠ,25 le mètre. Quelle est la longueur de la pièce?

3. — J'ai vendu 3ᴴᵃ,25 de terre, à raison de 15ᶠ,80 l'are. Combien ai-je reçu?

4. — Un ouvrier qui gagne 1 260ᶠ économise le 10ᵉ de son gain. Combien dépense-t-il?

5. — Un sac vide pèse 2ᴴᵍ. Combien pèse-t-il si l'on y met 64 pièces de 5ᶠ?

6. — Un hectolitre de bière coûte 35ᶠ d'achat et 3ᶠ,50 de transport. A combien revient le litre?

7. — A raison de 1ᶠ,55 le décalitre de blé, quel serait le prix de 36 hectolitres?

8. — J'ai acheté 84 doubles décalitres d'avoine à 7ᶠ,90 l'hectolitre. Combien dois-je payer?

9. — Un vitrier paye le verre 0ᶠ,04 le décimètre carré. Combien de mètres peut-il avoir pour 10ᶠ?

10. — Un ouvrier gagne 22ᶠ,50 en 5 jours. Combien peut-il gagner par an, s'il travaille 298 jours?

11. — On a acheté 100 litres d'huile à 2ᶠ,15 le kilog. Combien doit-on, si le litre d'huile pèse 915 grammes?

12. — Pour un pain de 8ᵏᵍ,5 de sucre, on a payé 9ᶠ. Combien paye-rait-on pour un quintal?

13. — 0ᵏᵍ,750 de café coûtent 4ᶠ,90. Combien payerait-on pour un myriagramme?

14. — Quel est le revenu annuel de 6 950ᶠ à 3ᶠ,5 0/0?

15. — Une marchandise est achetée 460ᶠ. On veut faire, en la revendant, un bénéfice de 10 0/0. Combien doit-on la revendre?

16. — Une famille composée de 4 personnes consomme par jour 1ᵏᵍ,250 de pain à 0ᶠ,28 le kilog., un litre et demi de vin à 0ᶠ,40 le litre et 1ᵏᵍ,500 de viande à 1ᶠ,60 le kilog. Quelle est, en moyenne, la dépense par personne?

17. — Pour ensemencer un champ, on a acheté de la graine de luzerne à raison de 120ᶠ le quintal, et on a dépensé 102ᶠ. Quelle est, en ares, la surface du champ, sachant qu'il a fallu 32 kilog. de graine par hectare?

Problèmes de revision.

1. — Que payera-t-on pour une tonne de sel à $0^f,17$ le kilog.?

2. — Une marchande gagne 3 centimes sur la vente d'une orange. Combien doit-elle en vendre pour gagner 6^f?

3. — D'un tas de $38^{mc},400$ de bois, on a pris 2 décastères. Combien reste-t-il : 1° de stères ; 2° de décistères?

4. — Un particulier a acheté un champ de $1^{Ha},48$ ares et un jardin de 850 mètres carrés. Quelle est l'étendue totale?

5. — On a acheté 54 ares de bois pour 645^f. A combien revient le mètre carré ?

6. — Quelle différence de poids y a-t-il entre une somme de 5^f en argent et la même somme en bronze?

7. — Une ouvrière a reçu 36^f pour la façon de 2 douzaines de chemises? Combien a-t-elle reçu pour une chemise?

8. — J'avais une somme de $273^f,75$. J'en ai dépensé le 15e. Combien me reste-t-il?

9. — Un ouvrier a gagné $19^f,50$ en une semaine et $22^f,50$ la semaine suivante. Combien a-t-il gagné en moyenne par jour, s'il n'a travaillé que 12 jours?

10. — Un ouvrier gagne 3^f en 4 heures. Combien peut-il gagner par jour, s'il travaille 11 heures?

11. — Combien doit-on payer pour 245 briques à 34^f le mille ?

12. — Un demi-kilog. de confitures coûte $0^f,85$. Combien doit-on payer pour un pot qui en contient 130 décagrammes?

13. — 2 hectog. 5 de poivre coûtent $1^f,50$. Combien coûte le kilog.?

14. — Une personne a placé $18\,000^f$ à 4 0/0. Quel est son revenu pour un mois?

15. — On a acheté 18 kilog. de chocolat à $4^f,20$ le kilog. Combien doit-on payer, si l'on obtient une remise de 2 0/0?

16. — Quel est le revenu total d'une somme de 840^f à 4 0/0 et d'une seconde somme de 680^f à 3 0/0?

17. — Un coquetier a acheté 375 œufs à $4^f,80$ le cent; il les revend à $0^f,75$ la douzaine, mais il y en a 15 de cassés. Quel est son bénéfice?

18. — Pour paver un trottoir de $40^m,50$ de long et $1^m,80$ de large, on a employé des dalles de 18 décimètres carrés chacune. Combien a-t-il fallu de dalles, et quelle sera la dépense, si chaque dalle revient à $1^f,25$?

Problèmes de revision.

1. — Quel est le poids du savon contenu dans 2 caisses qui en contiennent : la 1re, 1 quintal 8 kg., la 2e, 78 kg. ?

2. — Un hectolitre de charbon pèse 82 kilog. Quel est le poids d'un mètre cube de ce charbon?

3. — On a rempli un tonneau en y mettant du vin pour 62^f,40, à raison de 0^f,30 le litre. Quelle est la contenance du tonneau ?

4. — D'un tas de charbon de 4 mètres cubes et demi on a pris 18 hectolitres,5. Combien d'hectolitres reste-t-il?

5. — Une douzaine de serviettes coûte 15^f. Quel est le prix d'une serviette? Combien peut-on en avoir pour 64^f ?

6. — J'ai acheté 400 fagots pour 75^f. J'en ai reçu 20 en plus. A combien me revient un fagot?

7. — Un fût de vin de 2^{Hl},15 a coûté 58^f. A combien revient le litre de bon vin, si l'on a trouvé 6 litres de lie ?

8. — J'avais 63^f. J'ai dépensé le 5e de cette somme, puis le quart de cette même somme. Combien me reste-t-il?

9. — J'avais 15^f,60. J'en ai dépensé le 6e, puis le 5e du reste. Combien me reste-t-il?

10. — Un morceau de viande a le même poids que 28 pièces de 5^f et 12 pièces de 2^f. Quelle en est la valeur à 0^f,85 le kilog.?

11. — Quelle est la valeur de 48 douzaines d'œufs à 4^f,50 le cent?

12. — On a mélangé 148 litres de vin à 0^f,35 le litre avec 225 litres à 0^f,50. A combien revient l'hectolitre du mélange?

13. — Une fontaine donne 1^{Hl},30 litres d'eau en 4 minutes. Combien de mètres cubes peut-elle donner par heure?

14. — On a payé 6^f pour 8 bouteilles de chacune 0^l,70 de vin. Combien payerait-on pour un hectolitre de ce vin?

15. — Un rentier avait une somme de 3 600^f. Il en a retiré le quart et a placé le reste à 3,50 0/0. Quel est son revenu?

16. — Quel revenu retirerait-on d'une somme de 6 300^f placée moitié à 4 0/0 et moitié à 3 0/0?

17. — Un are de taillis peut donner 7 décistères de bois et 5 fagots. Combien de stères de bois et de fagots peut-on retirer d'un taillis ayant la forme d'un rectangle de 120 mètres de long sur 80 mètres de large?

GÉOMÉTRIE

Des lignes.

Une **ligne** est une longueur, sans largeur ni épaisseur.

Ex. : Un fil d'araignée en donne l'idée.

Il y a deux sortes de lignes : la **ligne droite** et la **ligne courbe**.

Ligne droite.

Ligne courbe.

Une *ligne droite* est le plus court chemin d'un point à un autre.

Une *ligne courbe* est une ligne qui n'est droite dans aucune de ses parties.

Une ligne droite peut être *verticale, horizontale* ou *oblique*.

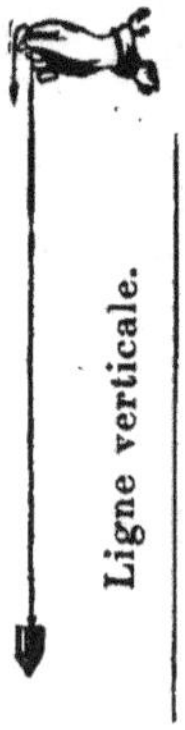

Fil à plomb.

Ligne verticale.

Ligne horizontale.

Ligne oblique.

Une **ligne verticale** est une ligne qui suit la direction du fil à plomb.

Une **ligne horizontale** est celle qui suit la direction de la surface de l'eau tranquille.

Une **ligne oblique** est celle qui n'est ni verticale ni horizontale.

Positions des lignes entre elles.

Les lignes peuvent être, entre elles, parallèles, perpendiculaires ou obliques.

Lignes parallèles. 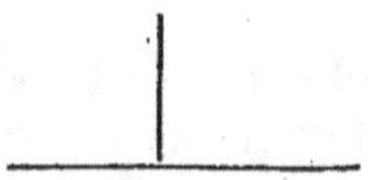   Lignes perpendiculaires. 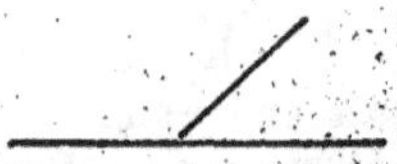   Lignes obliques.

On appelle **lignes parallèles** des lignes qui suivent la même direction en conservant le même écartement.

Ex. : Les deux rails d'une voie de chemin de fer sont parallèles.

On appelle **lignes perpendiculaires** des lignes qui tombent l'une sur l'autre sans pencher plus d'un côté que de l'autre.

On appelle **lignes obliques** des lignes qui tombent l'une sur l'autre en penchant plus d'un côté que de l'autre.

Des angles.

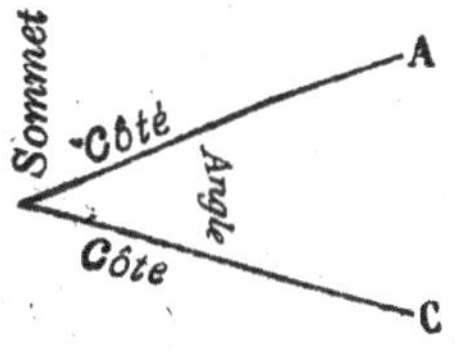

Un **angle** est l'espace compris entre deux lignes qui se rencontrent.

Le point de rencontre des deux lignes s'appelle **sommet**.

Les deux lignes sont les deux **côtés** de l'angle.

Un angle peut être *droit, aigu* ou *obtus*.

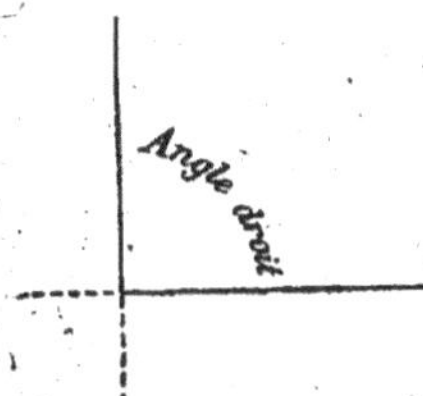

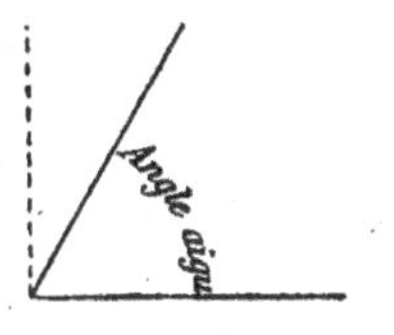

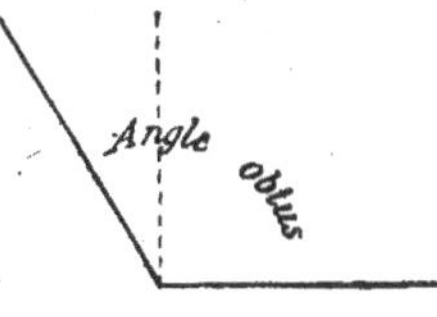

Un **angle droit** est un angle formé par deux lignes perpendiculaires.	Un **angle aigu** est un angle plus petit qu'un angle droit.	Un **angle obtus** est un angle plus grand qu'un angle droit.

Des polygones.

Une **surface** est une étendue en longueur et en largeur.

Ex. : Le dessus d'une table, la face du tableau.

Un **polygone** est une surface limitée par des lignes droites appelées **côtés**.

La longueur totale des côtés s'appelle **périmètre**.

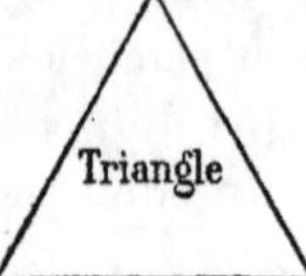

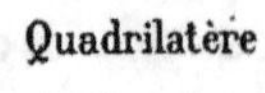

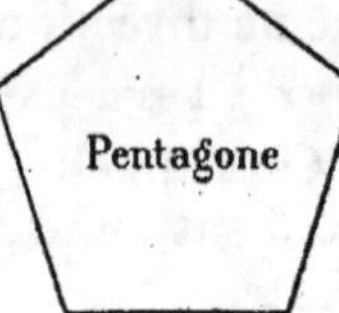

Un **triangle** est un polygone à 3 côtés.

Un **quadrilatère** est un polygone à 4 côtés.

Un **pentagone** est un polygone à 5 côtés.

Un **hexagone** est un polygone à 6 côtés.

Un **octogone** est un polygone à 8 côtés.

Un **décagone** est un polygone à 10 côtés.

Des triangles.

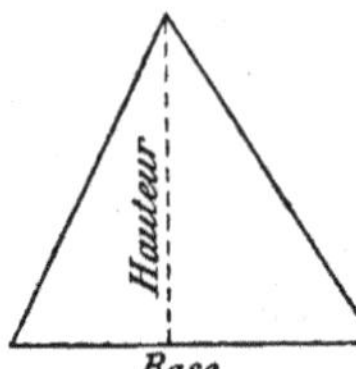

Dans un **triangle**, on distingue la base et la hauteur.

La **base** d'un triangle est l'un des côtés.

La **hauteur** d'un triangle est la perpendiculaire abaissée sur la base du sommet opposé.

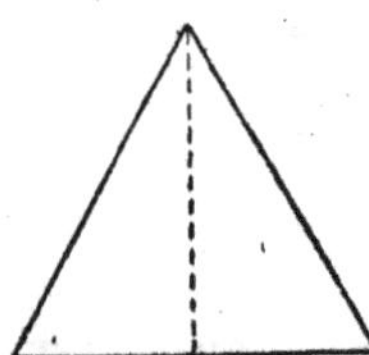
Triangle équilatéral.

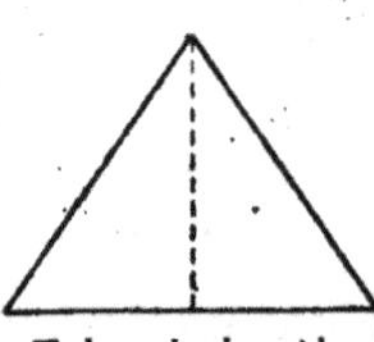
Triangle isocèle.

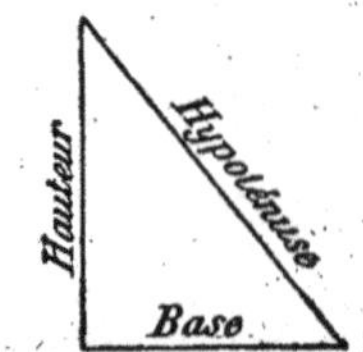

Triangle rectangle.

Un **triangle équilatéral** est un triangle qui a ses 3 côtés égaux.

Un **triangle isocèle** est un triangle qui a 2 côtés égaux.

Un **triangle rectangle** est un triangle qui a un angle droit.

Des quadrilatères.

Carré.

On distingue plusieurs sortes de quadrilatères qui sont : le *carré*, le *rectangle*, le *parallélogramme*, le *losange* et le *trapèze*.

Un **carré** est un quadrilatère qui a les 4 côtés égaux et les 4 angles droits.

La *médiane* va du milieu d'un côté au milieu du côté opposé.

La *diagonale* va d'un angle à l'angle opposé.

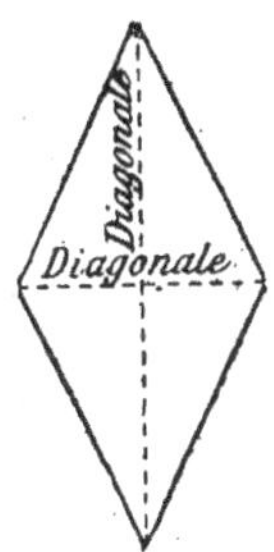

Losange.

Le **losange** est un quadrilatère qui a les 4 côtés égaux sans avoir les angles droits.

Un **rectangle** est un quadrilatère qui a les côtés égaux deux à deux et les 4 angles droits.

Le plus grand côté s'appelle *longueur*.

Le plus petit côté s'appelle *largeur*.

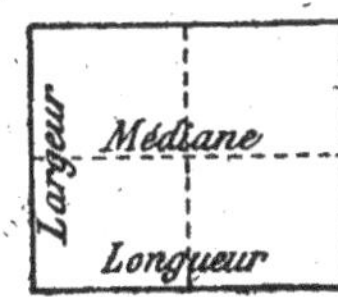

Rectangle.

Un **parallélogramme** est un quadrilatère qui a les côtés parallèles deux à deux sans avoir les angles droits.

Deux des côtés parallèles s'appellent *base*.

La *hauteur* est la perpendiculaire menée entre les deux bases.

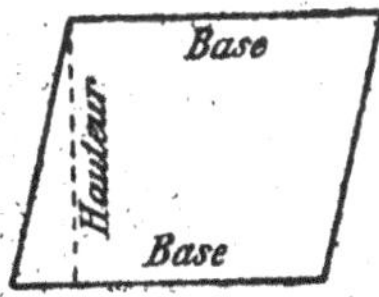

Parallélogramme.

Un **trapèze** est un quadrilatère qui a deux côtés parallèles.

Les deux côtés parallèles s'appellent *grande base* et *petite base*.

La *hauteur* est la perpendiculaire menée entre les deux bases.

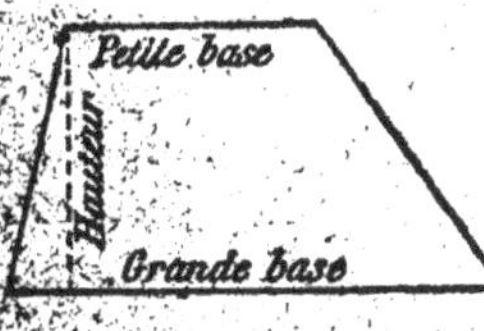

Trapèze.

Des volumes limités par des surfaces planes.

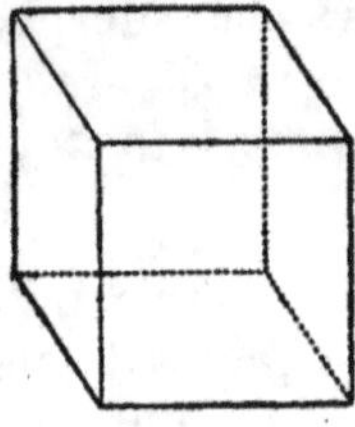

Cube.

On appelle *volume* l'espace occupé par un corps d'une grosseur quelconque.

Le volume intérieur d'un corps creux s'appelle *capacité*.

On dit la capacité d'une boîte, d'une bouteille, d'un tonneau, etc.; le volume d'une pierre, d'une brique, etc.

Les principaux volumes limités par des surfaces planes sont : le *cube*, le *parallélépipède*, la *pyramide*.

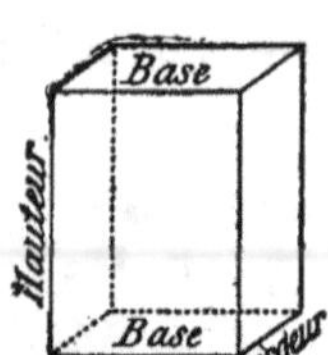

Parallélépipède.

Un **cube** est un volume ayant six faces carrées et égales.

On appelle *arêtes* les lignes formées par la rencontre de deux faces.

Un **parallélépipède** est un volume dont les faces sont des rectangles, ou des rectangles et des carrés.

Ex. . Une brique, une règle carrée.

Un parallélépipède a 2 bases et 3 dimensions : *longueur, largeur* et *hauteur* (épaisseur ou profondeur).

Pyramide.

Une **pyramide** est un volume dont la base est un polygone et le sommet un point.

Circonférence et Cercle.
Volumes limités par des surfaces courbes.

Une **circonférence** est une ligne courbe fermée dont tous les points sont à égale distance d'un point intérieur appelé *centre*.

Un *arc* est une partie de la circonférence.

11.

On appelle *diamètre* une ligne droite qui joint deux points de la circonférence en passant par le centre.

On appelle *rayon* une ligne droite qui va du centre à un point de la circonférence.

Un diamètre vaut deux rayons.

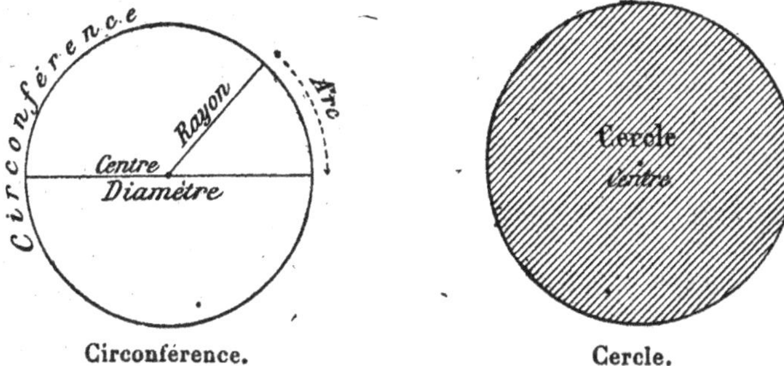

Circonférence.   Cercle.

Un **cercle** est une surface limitée par une circonférence.

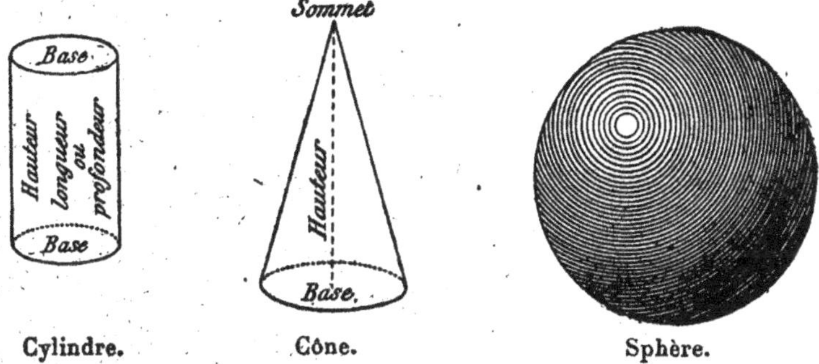

Cylindre.   Cône.   Sphère.

Un **cylindre** est un volume qui a pour bases deux cercles égaux et parallèles.

Ex. : Un tuyau de poêle.

La partie comprise entre les deux bases s'appelle longueur, hauteur ou profondeur.

Un **cône** est un volume qui a pour base un cercle et pour sommet un point.

Ex. : Un pain de sucre.

Une **sphère** est une boule exactement ronde.

Ex. : Une bille, une balle. — La terre, la lune, le soleil sont des sphères.

Notions sur les fractions

On partage une pomme en deux parties égales. Chaque morceau est une *moitié* ou *demie*.

Une demie ou un demi $\left(\dfrac{1}{2}\right)$ est une **fraction**.

On partage une pomme en trois partiés égales. Chaque morceau est un *tiers*.

Un tiers $\left(\dfrac{1}{3}\right)$, deux tiers $\left(\dfrac{2}{3}\right)$, sont des fractions.

On partage une pomme en quatre parties égales. Chaque morceau est un *quart*.

Un quart $\left(\dfrac{1}{4}\right)$, deux quarts $\left(\dfrac{2}{4}\right)$, trois quarts $\left(\dfrac{3}{4}\right)$, sont des fractions.

On partage une pomme en cinq parties égales. Chaque morceau est un *cinquième*.

Un cinquième $\left(\dfrac{1}{5}\right)$, deux cinquièmes $\left(\dfrac{2}{5}\right)$, trois cinquièmes $\left(\dfrac{3}{5}\right)$, quatre cinquièmes $\left(\dfrac{4}{5}\right)$, sont des fractions, etc.

Une **fraction** est une ou plusieurs parties *égales* de l'unité.

$\dfrac{4 \; \textit{numérateur}}{5 \; \textit{dénominateur}}$ Une fraction s'écrit avec deux nombres ou deux termes : le **numérateur** (au dessus), le **dénominateur** (au-dessous).

EXERCICES ORAUX. — Comment appelle-t-on chaque morceau d'une poire partagée en 2, en 3, en 4, en 5, en 6, en 7, en 8, en 9 parties égales ? etc. — Comment désigne-t-on : 1 morceau d'une pomme partagée en 2 parties égales ; 2 morceaux d'une poire partagée en 3 parties égales ; 2 morceaux, 3 morceaux d'une galette partagée en 4 parties égales ; 2 morceaux, 3 morceaux, 4 morceaux d'une tarte partagée en 5 parties égales ? etc.

EXERCICES ÉCRITS. — I. Lire :

$$\dfrac{1}{2} \qquad \dfrac{1}{3} \qquad \dfrac{2}{3} \qquad \dfrac{1}{4} \qquad \dfrac{3}{4} \qquad \dfrac{2}{5} \qquad \dfrac{4}{5} \qquad \dfrac{5}{6} \qquad \dfrac{3}{7}$$

$$\frac{2}{9} \qquad \frac{3}{8} \qquad \frac{4}{11} \qquad \frac{5}{11} \qquad \frac{7}{12} \qquad \frac{11}{12} \qquad \frac{3}{14} \qquad \frac{6}{15} \qquad \frac{16}{17}$$

II. Écrire : un tiers, deux tiers, un quart, trois quarts.

2 5ᵉˢ, 3 5ᵉˢ, 5 6ᵉˢ, 2 7ᵉˢ, 5 7ᵉˢ, 3 8ᵉˢ, 7 8ᵉˢ,

2 9ᵉˢ, 7 9ᵉˢ, 3 11ᵉˢ, 8 11ᵉˢ, 7 12ᵉˢ, 5 12ᵉˢ, 3 13ᵉˢ,

9 13ᵉˢ, 4 15ᵉˢ, 8 15ᵉˢ, 4 17ᵉˢ, etc.

$\frac{2}{3}$ de pomme font moins d'une pomme ; $\frac{3}{3}$ de pomme font une pomme ; $\frac{4}{3}$ de pommes font plus d'une pomme.

Répondre, d'après cela, aux questions suivantes :

Que font : 3 quarts d'heure, 4 quarts d'heure, 5 quarts d'heure ?
8 cinquièmes de litre, 5 5ᵉˢ, 8 5ᵉˢ ?
5 sixièmes de mètre, 6 6ᵉˢ, 7 6ᵉˢ ? etc.

Conversion des fractions.

Pour transformer une fraction ordinaire en fraction décimale, on divise le numérateur par le dénominateur.

Ex. $\frac{4}{5} = 4 : 5 = 0{,}8.$

EXERCICES ÉCRITS. — Transformer en fractions décimales les fractions suivantes :

$$\frac{1}{2} \qquad \frac{1}{5} \qquad \frac{3}{5} \qquad \frac{3}{4} \qquad \frac{3}{6} \qquad \frac{5}{8} \qquad \frac{8}{16} \quad \text{etc.}$$

---

2 poires font 4 demies $\left(\frac{4}{2}\right)$; 2 poires et demie font 5 demies $\left(\frac{5}{2}\right)$.

Combien faut-il de tiers de galette pour faire 1 galette, 2, 3, 6 g., 1 g. $\frac{1}{3}$, 3 g. $\frac{2}{3}$?

Combien faut-il de quarts d'heure pour faire 1 heure, 3 h., 4 h., 1 h. $\frac{1}{4}$, 4 h. $\frac{3}{4}$?

Combien faut-il de 5ᵉˢ de mètre pour faire 1 mètre, 2 m., 4 m., 1 m. $\frac{1}{5}$, 2 m. $\frac{1}{5}$, 6 m. $\frac{4}{5}$? etc.

$\frac{3}{3}$ de poire font 1 poire, $\frac{6}{3}$ font 2 poires, $\frac{8}{3}$ font 2 poires $\frac{2}{3}$.

Combien faut-il de pommes pour faire 2 demies, 4, 6 demies, 3 5, 9 demies?

Combien faut-il d'heures pour faire 4 quarts 8, 12, 16 quarts, 5, 7. 11 quarts?

Combien faut-il de poires pour faire 6 6ᵉˢ; 12, 18 6ᵉˢ; 9, 14, 20 6ᵉˢ? etc.

	Moitié		
Quart	1		2
Huitième	1	2	3	4
Seizième	1	2	3	4	5	6	7	8
	1	2	3	4	5	6	7	8	9	10	11	12	13	14	15	16

A   B

Les divisions de la ligne AB ci-dessus montrent que

$$\frac{2}{2} = \frac{4}{4} = \frac{8}{8} = \frac{16}{16}; \qquad \text{que } \frac{1}{2} = \frac{2}{4} = \frac{4}{8} = \frac{8}{16}.$$

On remarque que la fraction $\frac{4}{8}$ est formée de la fraction $\frac{2}{4}$ dont on a multiplié les 2 termes par 2, ou de la fraction $\frac{8}{16}$ dont on a divisé les 2 termes par 2.

On peut multiplier ou diviser les deux termes d'une fraction par un même nombre sans changer la valeur de la fraction.

Simplification.

Pour simplifier une fraction, on divise ses deux termes par un même nombre.

Simplifier : $\frac{2}{4}$, $\frac{4}{8}$, $\frac{2}{6}$, $\frac{4}{6}$, $\frac{6}{8}$, $\frac{3}{9}$, $\frac{6}{9}$, etc.

Réduction au même dénominateur.

Dans les calculs, on a souvent besoin de comparer entre elles les grandeurs de plusieurs fractions ou bien de les additionner ou de les soustraire. Pour cela, on est obligé de réduire ces fractions au même dénominateur.

Pour réduire des fractions au même dénominateur, on multiplie les deux termes par un même nombre, de façon à obtenir un même dénominateur pour toutes les fractions.

Transformer en 8es $\frac{1}{2}$, $\frac{3}{4}$, $\frac{6}{8}$; en 12es $\frac{1}{2}$, $\frac{2}{3}$, $\frac{3}{4}$, $\frac{5}{6}$;

en 16es $\frac{1}{2}$, $\frac{3}{4}$, $\frac{5}{8}$; en 24es $\frac{1}{4}$, $\frac{5}{6}$, $\frac{3}{8}$, $\frac{5}{12}$, etc.

Addition.

$\frac{3}{5} + \frac{4}{5} =$ 3 cinquièmes plus 4 cinquièmes ou $\frac{7}{5}$ ou $1\frac{2}{5}$.

Additionner : $\frac{1}{4} + \frac{2}{4} + \frac{3}{4}$; $\frac{1}{6} + \frac{2}{6} + \frac{5}{6}$;

Additionner, après avoir transformé en 12es : $\frac{1}{2} + \frac{2}{3}$; $\frac{1}{3} + \frac{3}{4} + \frac{5}{6}$, etc.

Soustraction.

$\frac{4}{5} - \frac{1}{5} =$ 4 cinquièmes moins 1 cinquième ou $\frac{3}{5}$.

Effectuer les opérations suivantes : $\dfrac{5}{6} - \dfrac{1}{6}$; $\dfrac{6}{7} - \dfrac{2}{7}$.

Après avoir transformé : en 15ᵉˢ $\dfrac{7}{5} - \dfrac{1}{3}$; en 18ᵉˢ $\dfrac{8}{9} - \dfrac{5}{6}$, etc.

Multiplication.

Prendre les $\dfrac{3}{4}$ de 60ᶠ.

Le quart de 60ᶠ est de $\dfrac{60^f}{4}$.

Les trois quarts sont de $\dfrac{60^f \times 3}{4} = 45^f$

Prendre les $\dfrac{2}{3}$ de 27ᶠ, les $\dfrac{5}{6}$ de 48ᶠ, les $\dfrac{2}{7}$ de 63ᶠ; les $\dfrac{3}{4}$ de 180 litres ; les $\dfrac{5}{8}$ de 600 mètres ; les $\dfrac{5}{9}$ de 810ᶠ, etc.

Division.

Diviser $\dfrac{1}{2}$ pomme par 3, c'est obtenir un morceau 3 fois plus petit, c'est-à-dire $\dfrac{1}{6}$:

$$\dfrac{1}{2} : 3 = \dfrac{1}{2 \times 3} = \dfrac{1}{6}.$$

Pour diviser une fraction par 2, par 3, par 4, etc., on multiplie le dénominateur par 2, par 3, par 4, etc.

Effectuer les divisions suivantes :

$\dfrac{1}{2} : 2 =$ $\dfrac{1}{2} : 5 =$ $\dfrac{2}{3} : 2 =$ $\dfrac{1}{5} : 7 =$

$\dfrac{1}{4} : 3 =$ $\dfrac{3}{4} : 6 =$ $\dfrac{1}{5} : 2 =$ $\dfrac{2}{5} : 3 =$

$\dfrac{3}{5} : 4 =$ $\dfrac{5}{6} : 5 =$ $\dfrac{1}{7} : 3 =$ $\dfrac{4}{7} : 8 =$

Tables d'addition et de soustraction

1 et 2, 3	1 et 3, 4	1 et 4, 5	1 et 5, 6
2 et 2, 4	2 et 3, 5	2 et 4, 6	2 et 5, 7
3 et 2, 5	3 et 3, 6	3 et 4, 7	3 et 5, 8
4 et 2, 6	4 et 3, 7	4 et 4, 8	4 et 5, 9
5 et 2, 7	5 et 3, 8	5 et 4, 9	5 et 5, 10
6 et 2, 8	6 et 3, 9	6 et 4, 10	6 et 5, 11
7 et 2, 9	7 et 3, 10	7 et 4, 11	7 et 5, 12
8 et 2, 10	8 et 3, 11	8 et 4, 12	8 et 5, 13
9 et 2, 11	9 et 3, 12	9 et 4, 13	9 et 5, 14

1 et 6, 7	1 et 7, 8	1 et 8, 9	1 et 9, 10
2 et 6, 8	2 et 7, 9	2 et 8, 10	2 et 9, 11
3 et 6, 9	3 et 7, 10	3 et 8, 11	3 et 9, 12
4 et 6, 10	4 et 7, 11	4 et 8, 12	4 et 9, 13
5 et 6, 11	5 et 7, 12	5 et 8, 13	5 et 9, 14
6 et 6, 12	6 et 7, 13	6 et 8, 14	6 et 9, 15
7 et 6, 13	7 et 7, 14	7 et 8, 15	7 et 9, 16
8 et 6, 14	8 et 7, 15	8 et 8, 16	8 et 9, 17
9 et 6, 15	9 et 7, 16	9 et 8, 17	9 et 9, 18

2 ôté de 2, reste 0	3 ôté de 3, reste 0	4 ôté de 4, reste 0	5 ôté de 5, reste 0
2 — 3, — 1	3 — 4, — 1	4 — 5, — 1	5 — 6, — 1
2 — 4, — 2	3 — 5, — 2	4 — 6, — 2	5 — 7, — 2
2 — 5, — 3	3 — 6, — 3	4 — 7, — 3	5 — 8, — 3
2 — 6, — 4	3 — 7, — 4	4 — 8, — 4	5 — 9, — 4
2 — 7, — 5	3 — 8, — 5	4 — 9, — 5	5 — 10, — 5
2 — 8, — 6	3 — 9, — 6	4 — 10, — 6	5 — 11, — 6
2 — 9, — 7	3 — 10, — 7	4 — 11, — 7	5 — 12, — 7
2 — 10, — 8	3 — 11, — 8	4 — 12, — 8	5 — 13, — 8
2 — 11, — 9	3 — 12, — 9	4 — 13, — 9	5 — 14, — 9

6 ôté de 6, reste 0	7 ôté de 7, reste 0	8 ôté de 8, reste 0	9 ôté de 9, reste 0
6 — 7, — 1	7 — 8, — 1	8 — 9, — 1	9 — 10, 1
6 — 8, — 2	7 — 9, — 2	8 — 10, — 2	9 — 11, 2
6 — 9, — 3	7 — 10, — 3	8 — 11, — 3	9 — 12, 3
6 — 10, — 4	7 — 11, — 4	8 — 12, — 4	9 — 13, 4
6 — 11, — 5	7 — 12, — 5	8 — 13, — 5	9 — 14, — 5
6 — 12, — 6	7 — 13, — 6	8 — 14, — 6	9 — 15, 6
6 — 13, — 7	7 — 14, — 7	8 — 15, — 7	9 — 16, 7
6 — 14, — 8	7 — 15, — 8	8 — 16, — 8	9 — 17, — 8
6 — 15, — 9	7 — 16, — 9	8 — 17, — 9	9 — 18, — 9

TABLE DES MATIÈRES

disposée pour l'étude séparée ou simultanée des deux parties

| 1re PARTIE | 2e PARTIE |
| NOMBRES ENTIERS | NOMBRES DÉCIMAUX |

1er Mois

NUMÉRATION.

1. Unités, dizaines, entre deux dizaines. — 1

NUMÉRATION ET OPÉRATIONS.

2. Addition. — 10
3. Centaines, entre deux centaines (avec problèmes, page 11). — 4
4. Addition générale. — 12
5. Mille, entre deux mille (avec problèmes, page 13). — 6
6. Résumé-revision. — 14

NUMÉRATION.

7. Dixièmes, centièmes (problèmes, page 15). — 98

8. *Sortes de mesures.* — 16

9. Millièmes, etc. (problèmes, page 17). — 100

OPÉRATIONS.

10. Addition. — 102

2e Mois

11. Soustraction. — 18
12. Soustraction sans retenue. — 20
13. *Unités principales.* — 22
14. Soustraction avec retenue. — 24
15. Résumé-revision. — 26

16. Soustraction. — 104

17. *Multiples.* — 28
18. Revision. — 30

19. Problèmes de revision. — 106

3e Mois

20. Multiplication. — 32
21. Tables de multiplication. — 34
22. *Sous-multiples.* — 36
23. Numération des millions. — 8
24. Multiplicande plusieurs chiffres, multiplicateur un. — 38

Multiplication.

25. Multiplicande plusieurs chiffres, multiplicateur un.

NOMBRES ENTIERS		NOMBRES DÉCIMAUX	
26. Monnaies.	40		
27. Multiplication par 10, 100, 1000.	42		

4e Mois

NOMBRES ENTIERS		NOMBRES DÉCIMAUX	
		28. Multiplication par 10, 100, 1000.	110
29. Multiplication par 20, 30, etc.	44		
30. *Mesures de* capacité.	46		
		31. *Lecture, écriture, conversion des capacités.*	112
32. Multiplication de 2 nombres quelconques.	48		
		33. Multiplication de nombres quelconques,	114
34. *Mesures effectives de* capacité.	52		
35. Multiplication. Remarques sur 0.			

5e Mois

NOMBRES ENTIERS		NOMBRES DÉCIMAUX	
36. *Mesures de* longueur.	56		
		37. *Lecture, écriture, conversion des longueurs.*	116
38. Preuves de la multiplication.	58		
39. Résumé-revision.	60		
40. *Mesures effectives de longueur.*	62		
41. Revision.	64		
		42. Problèmes de revision.	118

6e Mois

NOMBRES ENTIERS		NOMBRES DÉCIMAUX	
43. Division.	66		
44. Diviseur et quotient un chiffre.	68		
45. *Mesures de* poids.	70		
		46. *Lecture, écriture, conversion des poids.*	122
47. Diviseur un chiffre, quotient plusieurs.	72	**Division.**	
		48. Diviseur un chiffre, quotient décimal.	124
49. *Mesures effectives de poids.*	74		

7e Mois

NOMBRES ENTIERS		NOMBRES DÉCIMAUX	
50. Division par 10, 100, 1000.	76		
		51. Division par 10, 100, 1000.	126
52. Exercice préparatoire.	78		

NOMBRES ENTIERS	NOMBRES DÉCIMAUX
	53. *Relations entre capacités et poids.* 128
54. Diviseur plusieurs chiffres, quotient un. 80	
55. Balances. 82	
	56. *Mesures de surface.* 130

8e Mois

NOMBRES ENTIERS	NOMBRES DÉCIMAUX
57. Diviseur plusieurs chiffres, quotient plusieurs. 84	
	58. Surface du carré. 132
	59. Quotient décimal. 134
60. Dividende et diviseur terminés par des zéros. 86	
	61. *Mesures agraires.* 136
	62. Surface du rectangle. 138
63. Preuves de la division. 88	

9e Mois

NOMBRES ENTIERS	NOMBRES DÉCIMAUX
	64. Diviseur décimal. 140
65. Résumé-revision. 90	
	66. *Mesures de volume.* 142
	67. Diviseur décimal. 144
	68. *Mesures de volume (bois).* 146
	69. Diviseur décimal. 148
	70. *Relations entre capacités, poids et volumes. Le mètre base des mesures.* 150

10e Mois

NOMBRES ENTIERS	NOMBRES DÉCIMAUX
	71. Volume du cube et du parallélépipède. 152
72. Problèmes de revision. 92	
	73. Problèmes de revision. 154

GÉOMÉTRIE

Des lignes. 156
Positions des lignes entre elles. 157
Des angles. 158
Des polygones. 159
Des triangles. 160
Des quadrilatères.
Des volumes limités par des surfaces planes.
Circonférence et cercle. Volumes limités par des surfaces courbes.

Notions sur les fractions. (10e mois.)
Tables d'addition et de soustraction.

Paris. — Imprimerie DELALAIN, 18, rue Séguier.